STAHLBAU-PROFILE

Herausgegeben

vom

Verein Deutscher Eisenhüttenleute

Bearbeitet von

Dipl.-Ing. Martha Schneider-Bürger

19. Auflage

STAHL EISEN

Inhalt

Bezugsquellen für
DIN-Normen: Beuth-Verlag GmbH, Postfach 1145, Burggrafenstraße 6, 1000 Berlin 30
Bundesbahn-Vorschriften: Drucksachenverwaltung der DB, Stuttgarter Straße 61a, 7500 Karlsruhe 1
DSV-Merkblätter: Deutscher Verlag für Schweißtechnik, DVS-Verlag GmbH, Vertriebsabteilung, Aachener Str. 172, 4000 Düsseldorf
Merkblätter: Stahl-Informations-Zentrum, Postfach 10 48 42, Breite Straße 69, 4000 Düsseldorf
Stahl-Eisen-Werkstoffblätter sowie „Stahl im Hochbau", 14. Auflage 1984: Verlag Stahleisen mbH, Sohnstraße 65, 4000 Düsseldorf 1
DASt-Richtlinien sowie Stahlbau-Fachliteratur (u. a. „Bemessungshilfen für profilorientiertes Konstruieren" 2. Auflage 1992): Stahlbau-Verlags-GmbH, Ebertplatz 1, 5000 Köln 1

Stahlbau-Profile

Abmessungen und statische Werte

Erklärung von Begriffen und Formelzeichen

Nach DIN 1080 (Teil 1 und Teil 4)	**Frühere Benennungen**
A = Fläche	F = Querschnittsfläche
G = Eigenlast (= längenbezogene Masse)	G = Metergewicht
U = Mantelfläche	U = Mantelfläche
I = Flächenmoment 2. Grades } bezogen auf die zugehörigen Biegeachsen	J = Trägheitsmoment } bezogen auf die zugehörigen Biegeachsen
W = Widerstandsmoment	W = Widerstandsmoment
$i = \sqrt{\frac{I}{A}}$ = Trägheitsradius	$i = \sqrt{\frac{J}{F}}$ = Trägheitshalbmesser
y-Achse	x-Achse
z-Achse	y-Achse
η (Eta)-Achse	ξ (Xi)-Achse
ζ (Zeta)-Achse	η (Eta)-Achse
S_y = Flächenmoment 1. Grades des halben Querschnitts um die y-Achse	S_x = statisches Moment des halben Querschnitts um die x-Achse
$s_y = \frac{I_y}{S_y}$ = Abstand der Zug- und Druckmittelpunkte	$s_x = \frac{J_x}{S_x}$ = Abstand der Zug- und Druckmittelpunkte
$A_{Steg} = h \times t_s$ = Stegfläche für Mittelwert der Schubspannung	$F_{Steg} = h \times s$ = Stegfläche für Mittelwert der Schubspannung
W_{pl} = plastisches Widerstandsmoment = 2 S_y	W_{pl} = plastisches Widerstandsmoment = 2 S_x
M_{pl} = plastisches Moment	M_{pl} = plastisches Moment
N_{pl} = plastische Längskraft	N_{pl} = plastische Längskraft
Q_{pl} = plastische Querkraft	Q_{pl} = plastische Querkraft
C = Wölbwiderstand	C_M = Wölbwiderstand
I_T = Torsionsflächenmoment 2. Grades	J_D = Drillwiderstand für Walzprofile J_t = Drillwiderstand für Hohlprofile
W_T = Torsionswiderstand	W_t = Torsionswiderstand für Hohlprofile

$d_1\ d_2$ = größte Lochdurchmesser nach DIN 997, Ausgabe Oktober 1970

$w_1\ w_2\ w_3$ = Anreißmaße für die Flanschen- bzw. Schenkellöcher (Niete und Schrauben mit kleinerem Durchmesser können in die gleichen Rißlinien gesetzt werden).

Sind bei einem Profil für d_1 bzw. d_2 zwei Maße angegeben, dann ist das kleinere Maß für Schrauben von HV-Verbindungen anzuwenden. Ist der kleinere Durchmesser mit einem Punkt gekennzeichnet, ist er bei allen Schrauben anzuwenden, und der größere Durchmesser gilt dann nur für Niete.

Sind bei einem Profil für w_1 oder w_3 zwei Anreißmaße angegeben, dann ist das größere Maß für Schrauben von HV-Verbindungen anzuwenden.

Normallängen = handelsübliche Längen

Die Tabellenwerte sind z.T. gerundete Zahlen, die auf drei, für Zahlen > 10 000 auf vier benannte Ziffern abgestellt sind.

Beispiele für die Abkürzung von Benennungen

nach DIN 1353 Teil 1 und Teil 2, Ausgabe April 1971

Abkürzung (Maße in mm)	Bedeutung
I 200 x 3000 DIN 1025	Mittelbreiter Doppel-T-Träger, 200 mm hoch, 3000 mm lang, nach DIN 1025
IPBv 400 x 5000 DIN 1025 (=HE-400-M)	Breiter Doppel-T-Träger, verstärkt, 432 mm hoch, 5000 mm lang, nach DIN 1025
U 200 x 800 DIN 1026	U-Stahl, 200 mm hoch, 800 mm lang, nach DIN 1026
L 60 x 6 x 90 Lg DIN 1028	Rundkantiger Winkelstahl, gleichschenklig, 60 mm Schenkelbreite, 6 mm dick, 90 mm lang, nach DIN 1028
L 100 x 50 x 8 x 3200 DIN 1029	Rundkantiger Winkelstahl, ungleichschenklig, 100 mm und 50 mm Schenkelbreiten, 8 mm dick, 3200 mm lang, nach DIN 1029
LS 50 x 5 x 800 DIN 1022	Scharfkantiger Winkelstahl, gleichschenklig, 50 mm Schenkelbreite, 5 mm dick, 800 mm lang, nach DIN 1022
Rohr 88,9 x 4 x 1200 DIN 2448	Nahtloses Stahlrohr, 88,9 mm Außendurchmesser, 4 mm Wanddicke, 1200 mm lang, nach DIN 2448
Fl 80 x 10 x 1400 DIN 1017 – St 52–3	Flachstahl, 80 mm breit, 10 mm dick, 1400 mm lang, nach DIN 1017, aus St 52–3 nach DIN EN 10025

(Bezeichnungs- und Bestellbeispiele s. „Stahl im Hochbau", 14. Aufl., Band I, Teil 1, S. 237/240)

U-Stahl

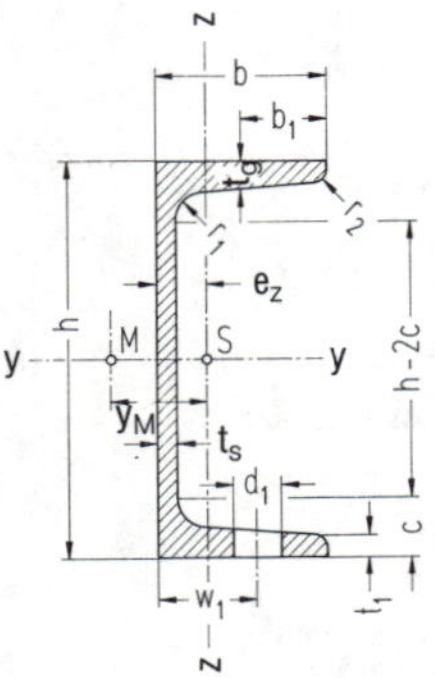

t_1 = Flanschdicke am Flanschende vor Beginn der Rundung

Normallängen

bei Profilhöhen unter 300 mm	8 bis 16 m
300 mm und mehr	8 bis 18 m
(für U 30 x 15 bis U 65	6 bis 12 m)

Neigung der inneren Flanschflächen
8 % bei Profilen mit $h \leq 300$
5 % bei Profilen mit $h > 300$

$$b_1 = \frac{b}{2} \text{ bei } h \leq 300$$

$$b_1 = \frac{b-s}{2} \text{ bei } h > 300$$

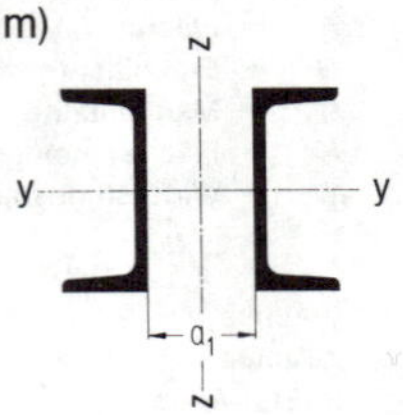

Für a_1 ist aus korrosionsschutztechnischen Gründen DIN 55 928 Teil 2 (siehe Seite 42) zu beachten.

e_z = Abstand der Schwerachse z-z
y_M = Abstand des Schubmittelpunktes M von der z-Achse

Mantelfläche U siehe Seite 40
Rechenwerte S_y I_T C siehe Seite 33

Benennungen in DIN 1026

Kurzzeichen	Maße in mm für							A_{Steg}	A	G	Für die Biegeachsen						e_z	y_M	s_y	Flanschenlöcher nach DIN 997 Ausg. Okt. 1970	
											y-y			z-z							
	h	b	t_s	$t_g = r_1$ *)	r_2	h-2c	t_1				I_y	W_y	i_y	I_z	W_z	i_z				d_1	w_1
								cm^2	cm^2	kg/m	cm^4	cm^3	cm	cm^4	cm^3	cm	cm	cm	cm	mm	mm
			s	t					F		J_x	W_x	i_x	J_y	W_y	i_y	e_y	x_M	s_x		
U ***)	**Rundkantiger U-Stahl** (warmgewalzt), **nach DIN 1026, Ausgabe Oktober 1963** DIN 1026 entspricht EURONORM 24																				
30x15	30	15	4	4,5	2	12	3,9	1,20	2,21	1,74	2,53	1,69	1,07	0,38	0,39	0,42	0,52	0,74	–	4,3	10
30	30	33	5	7	3,5	1	5,7	1,50	5,44	4,27	6,39	4,26	1,08	5,33	2,68	0,99	1,31	2,22	–	8,4	20
40x20	40	20	5	5,5	2,5	18	4,7	2,00	3,66	2,87	7,58	3,79	1,44	1,14	0,86	0,56	0,67	1,01	–	6,4	11
40	40	35	5	7	3,5	11	5,6	2,00	6,21	4,87	14,1	7,05	1,50	6,68	3,08	1,04	1,33	2,32	–	8,4	20
50x25	50	25	5	6	3	25	5,0	2,50	4,92	3,86	16,8	6,73	1,85	2,49	1,48	0,71	0,81	1,34	–	8,4	16
50	50	38	5	7	3,5	20	5,5	2,50	7,12	5,59	26,4	10,6	1,92	9,12	3,75	1,13	1,37	2,47	–	11	20
60	60	30	6	6	3	35	4,8	3,60	6,46	5,07	31,6	10,5	2,21	4,51	2,16	0,84	0,91	1,50	–	8,4	18
65	65	42	5,5	7,5	4	33	5,8	3,57	9,03	7,09	57,5	17,7	2,52	14,1	5,07	1,25	1,42	2,60	–	11	25
80	80	45	6	8	4	47	6,2	4,80	11,0	8,64	106	26,5	3,10	19,4	6,36	1,33	1,45	2,67	6,65	13**)	25
100	100	50	6	8,5	4,5	64	6,5	6,00	13,5	10,6	206	41,2	3,91	29,3	8,49	1,47	1,55	2,93	8,42	13	30
120	120	55	7	9	4,5	82	6,8	8,40	17,0	13,4	364	60,7	4,62	43,2	11,1	1,59	1,60	3,03	10,0	17/13	30
140	140	60	7	10	5	97	7,6	9,80	20,4	16,0	605	86,4	5,45	62,7	14,8	1,75	1,75	3,37	11,8	17	35
160	160	65	7,5	10,5	5,5	116	7,9	12,0	24,0	18,8	925	116	6,21	85,3	18,3	1,89	1,84	3,56	13,3	21/17	35
180	180	70	8	11	5,5	133	8,2	14,4	28,0	22,0	1 350	150	6,95	114	22,4	2,02	1,92	3,75	15,1	21	40
200	200	75	8,5	11,5	6	151	8,5	17,0	32,2	25,3	1 910	191	7,70	148	27,0	2,14	2,01	3,94	16,8	23/21	40
220	220	80	9	12,5	6,5	166	9,3	19,8	37,4	29,4	2 690	245	8,48	197	33,6	2,30	2,14	4,20	18,5	23	45
240	240	85	9,5	13	6,5	185	9,6	22,8	42,3	33,2	3 600	300	9,22	248	39,6	2,42	2,23	4,39	20,1	25/23	45
260	260	90	10	14	7	201	10,4	26,0	48,3	37,9	4 820	371	9,99	317	47,7	2,56	2,36	4,66	21,8	25	50
280	280	95	10	15	7,5	216	11,2	28,0	53,3	41,8	6 280	448	10,9	399	57,2	2,74	2,53	5,02	23,6	25	50
300	300	100	10	16	8	232	12,0	30,0	58,8	46,2	8 030	535	11,7	495	67,8	2,90	2,70	5,41	25,4	28	55
320	320	100	14	17,5	8,75	247	15,4	44,8	75,8	59,5	10 870	679	12,1	597	80,6	2,81	2,60	4,82	26,3	28	58
350	350	100	14	16	8	283	13,8	49,0	77,3	60,6	12 840	734	12,9	570	75,0	2,72	2,40	4,45	28,6	28	58
380	380	102	13,5	16	8	313	14,4	51,3	80,4	63,1	15 760	829	14,0	615	78,7	2,77	2,38	4,58	31,1	28	60
400	400	110	14	18	9	325	15,6	56,0	91,5	71,8	20 350	1020	14,9	846	102	3,04	2,65	5,11	32,9	28	60

Bei mehreren Werten von d_1 siehe Seite 3.

*) Ausnahme bei U 40 x 20 ist $t_g = 5{,}5$ mm, $r_1 = 5$ mm

**) Genormte Schrauben für HV-Verbindungen sind hier nicht anwendbar.

***) DIN ISO 5261 – Technische Zeichnungen für Metallbau (Ausgabe Februar 1983) gibt als Symbol an: ⊏

Schmale I-Träger

I-Reihe

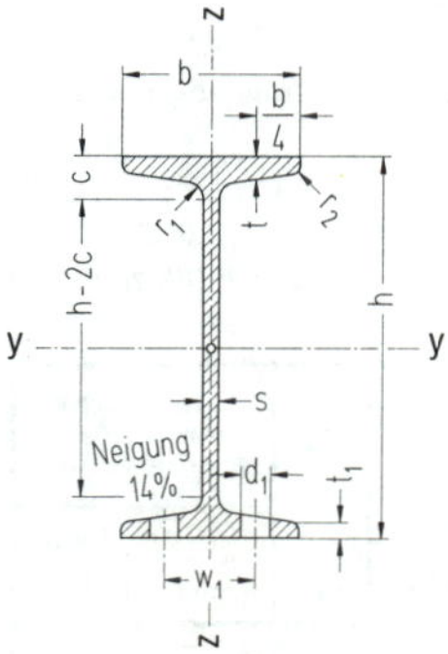

Normallängen
bei Profilhöhen unter 300 mm 8 bis 16 m
300 mm und mehr 8 bis 18 m

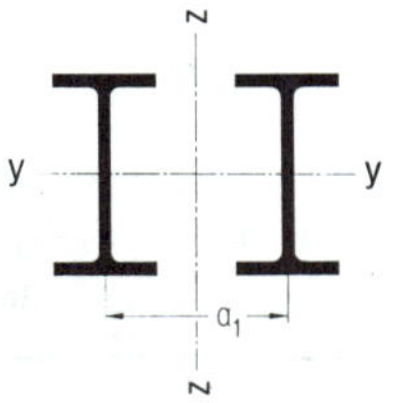

t_1 = Flanschdicke am Flanschende vor Beginn der Rundung

Für a_1 ist aus korrosionsschutztechnischen Gründen DIN 55 928 Teil 2 (siehe Seite 42) zu beachten.

Mantelfläche U siehe Seite 40
Rechenwerte W_{pl} M_{pl} N_{pl} Q_{pl} S_y I_T C siehe Seite 31 und 32

Benennungen nach DIN 1025

Kurzzeichen	Maße in mm für h	b	t_s r_1	t_g	r_2	$h-2c$	t_1	A_{Steg} cm²	A cm²	G kg/m	Für die Biegeachsen y-y I_y cm⁴	W_y cm³	i_y cm	z-z I_z cm⁴	W_z cm³	i_z cm	s_y cm	Flanschenlöcher nach DIN 997 Ausg. Okt. 1970*) d_1 mm	w_1 mm
			s	t					F		J_x	W_x	i_x	J_y	W_y	i_y	s_x		
I	**Schmale I-Träger mit geneigten inneren Flanschflächen, I-Reihe** (warmgewalzt), **nach DIN 1025 Teil 1, Ausgabe Oktober 1983**																		
80	80	42	3,9	5,9	2,3	59	4,4	3,12	7,57	5,94	77,8	19,5	3,20	6,29	3,00	0,91	6,84	6,4	22
100	100	50	4,5	6,8	2,7	75	5,0	4,50	10,6	8,34	171	34,2	4,01	12,2	4,88	1,07	8,57	6,4	28
120	120	58	5,1	7,7	3,1	92	5,7	6,12	14,2	11,1	328	54,7	4,81	21,5	7,41	1,23	10,3	8,4	32
140	140	66	5,7	8,6	3,4	109	6,3	7,98	18,2	14,3	573	81,9	5,61	35,2	10,7	1,40	12,0	11	34
160	160	74	6,3	9,5	3,8	125	6,9	10,1	22,8	17,9	935	117	6,40	54,7	14,8	1,55	13,7	11	40
180	180	82	6,9	10,4	4,1	142	7,5	12,4	27,9	21,9	1 450	161	7,20	81,3	19,8	1,71	15,5	13**)	44
200	200	90	7,5	11,3	4,5	159	8,2	15,0	33,4	26,2	2 140	214	8,00	117	26,0	1,87	17,2	13	48
220	220	98	8,1	12,2	4,9	176	8,8	17,8	39,5	31,1	3 060	278	8,80	162	33,1	2,02	18,9	13	52
240	240	106	8,7	13,1	5,2	192	9,4	20,9	46,1	36,2	4 250	354	9,59	221	41,7	2,20	20,6	17/13	56
260	260	113	9,4	14,1	5,6	208	10,2	24,9	53,3	41,9	5 740	442	10,4	288	51,0	2,32	22,3	17	60
280	280	119	10,1	15,2	6,1	225	11,0	28,3	61,0	47,9	7 590	542	11,1	364	61,2	2,45	24,0	17	60
300	300	125	10,8	16,2	6,5	241	11,8	32,4	69,0	54,2	9 800	653	11,9	451	72,2	2,56	25,7	21/17	64
320	320	131	11,5	17,3	6,9	258	12,7	36,8	77,7	61,0	12 510	782	12,7	555	84,7	2,67	27,4	21/17	70
340	340	137	12,2	18,3	7,3	274	13,5	41,5	86,7	68,0	15 700	923	13,5	674	98,4	2,80	29,1	21	74
360	360	143	13,0	19,5	7,8	290	14,5	46,8	97,0	76,1	19 610	1090	14,2	818	114	2,90	30,7	23/21	76
380	380	149	13,7	20,5	8,2	306	15,3	52,1	107	84,0	24 010	1260	15,0	975	131	3,02	32,4	23/21	82
400	400	155	14,4	21,6	8,6	323	16,2	57,6	118	92,4	29 210	1460	15,7	1160	149	3,13	34,1	23	86
425	425	163	15,3	23,0	9,2	343	17,3	65,0	132	104	36 970	1740	16,7	1440	176	3,30	36,2	25/23	88
450	450	170	16,2	24,3	9,7	363	18,4	72,9	147	115	45 850	2040	17,7	1730	203	3,43	38,4	25/23	94
475	475	178	17,1	25,6	10,3	384	19,4	81,2	163	128	56 480	2380	18,6	2090	235	3,60	40,4	28/25	96/100
500	500	185	18,0	27,0	10,8	404	20,5	90,0	179	141	68 740	2750	19,6	2480	268	3,72	42,4	28	100
550	550	200	19,0	30,0	11,9	445	23,0	104	212	166	99 180	3610	21,6	3490	349	4,02	46,8	28	110
600	600	215	21,6	32,4	13,0	485	24,9	130	254	199	139 000	4630	23,4	4670	434	4,30	50,9	28	120

I 425, 475 und 600 werden nicht mehr gewalzt; die Tabellenwerte dienen zur Nachrechnung bestehender Konstruktionen.
*) Bei mehreren Werken für d_1 oder w_1 siehe Seite 3.
**) Genormte Schrauben für HV-Verbindungen sind hier nicht anwendbar.

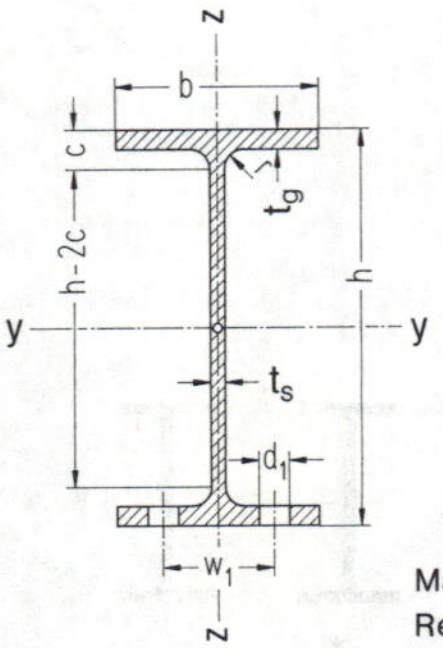

Mittelbreite I-Träger

I PE-Reihe I PEo- und I PEv-Reihen

Normallängen
bei Profilhöhen unter 300 mm 8 bis 16 m
300 mm und mehr 8 bis 18 m

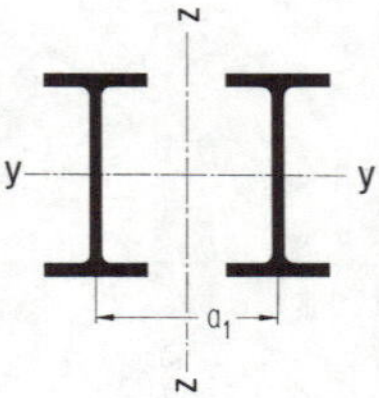

Für a_1 ist aus korrosionsschutztechnischen Gründen DIN 55 928 Teil 2 (siehe Seite 42) zu beachten.

Mantelfläche U siehe Seite 40
Rechenwerte W_{pl} M_{pl} N_{pl} Q_{pl} S_y I_T C siehe Seite 30 und 31

Benennungen in DIN 1025

Kurzzeichen	Maße in mm für						A_{Steg}	A	G	Für die Biegeachsen y-y			z-z			s_y	Flanschenlöcher nach DIN 997 Ausg. Okt. 1970*)	
	h	b	t_s	t_g	r	h-2c				I_y	W_y	i_y	I_z	W_z	i_z		d_1	w_1
							cm^2	cm^2	kg/m	cm^4	cm^3	cm	cm^4	cm^3	cm	cm	mm	mm
Benennungen in DIN 1025			*s*	*t*				*F*		J_x	W_x	i_x	J_y	W_y	i_y	s_x		
I PE	**Mittelbreite I-Träger mit parallelen Flanschflächen, I PE-Reihe** (warmgewalzt), **nach DIN 1025 Teil 5, Ausgabe März 1965** Die I PE-Reihe entspricht EURONORM 19–57																	
80	80	46	3,8	5,2	5	59	3,04	7,64	6,00	80,1	20,0	3,24	8,49	3,69	1,05	6,9	6,4	26
100	100	55	4,1	5,7	7	74	4,10	10,3	8,10	171	34,2	4,07	15,9	5,79	1,24	8,6	8,4	30
120	120	64	4,4	6,3	7	93	5,28	13,2	10,4	318	53,0	4,90	27,7	8,65	1,45	10,5	8,4	36
140	140	73	4,7	6,9	7	112	6,58	16,4	12,9	541	77,3	5,74	44,9	12,3	1,65	12,3	11	40
160	160	82	5,0	7,4	9	127	8,00	20,1	15,8	869	109	6,58	68,3	16,7	1,84	14,0	13**)	44
180	180	91	5,3	8,0	9	146	9,54	23,9	18,8	1 320	146	7,42	101	22,2	2,05	15,8	13	50
200	200	100	5,6	8,5	12	159	11,2	28,5	22,4	1 940	194	8,26	142	28,5	2,24	17,6	13	56
220	220	110	5,9	9,2	12	177	13,0	33,4	26,2	2 770	252	9,11	205	37,3	2,48	19,4	17	60
240	240	120	6,2	9,8	15	190	14,9	39,1	30,7	3 890	324	9,97	284	47,3	2,69	21,2	17	68
270	270	135	6,6	10,2	15	219	17,8	45,9	36,1	5 790	429	11,2	420	62,2	3,02	23,9	21/17	72
300	300	150	7,1	10,7	15	248	21,3	53,8	42,2	8 360	557	12,5	604	80,5	3,35	26,6	23	80
330	330	160	7,5	11,5	18	271	24,7	62,6	49,1	11 770	713	13,7	788	98,5	3,55	29,3	25/23	86
360	360	170	8,0	12,7	18	298	28,8	72,7	57,1	16 270	904	15,0	1040	123	3,79	31,9	25	90
400	400	180	8,6	13,5	21	331	34,4	84,5	66,3	23 130	1160	16,5	1320	146	3,95	35,4	28/25	96
450	450	190	9,4	14,6	21	378	42,3	98,8	77,6	33 740	1500	18,5	1680	176	4,12	40,1	28	106
500	500	200	10,2	16,0	21	426	51,0	116	90,7	48 200	1930	20,4	2140	214	4,31	43,9	28	110
550	550	210	11,1	17,2	24	467	61,0	134	106	67 120	2440	22,3	2670	254	4,45	48,2	28	120
600	600	220	12,0	19,0	24	514	72,0	156	122	92 080	3070	24,3	3390	308	4,66	52,4	28	120
I PEo I PEv	**Mittelbreite I-Träger, I PEo-Reihe und I PEv-Reihe** (nicht genormt)																	
180 o	182	92	6,0	9,0	9	146	10,9	27,1	21,3	1 510	165	7,45	117	25,5	2,08	15,9	13	50
200 o	202	102	6,2	9,5	12	159	12,5	32,0	25,1	2 210	219	8,32	169	33,1	2,30	17,7	13	56
220 o	222	112	6,6	10,2	12	177	14,7	37,4	29,4	3 130	282	9,16	240	42,8	2,53	19,5	17	62
240 o	242	122	7,0	10,8	15	190	16,9	43,7	34,3	4 370	361	10,0	329	53,9	2,74	21,3	17	68
270 o	274	136	7,5	12,2	15	219	20,5	53,8	42,3	6 950	507	11,4	514	75,5	3,09	24,2	21/17	72
300 o	304	152	8,0	12,7	15	248	24,3	62,8	49,3	9 990	658	12,6	746	98,1	3,45	26,9	23	80
330 o	334	162	8,5	13,5	18	271	28,4	72,6	57,0	13 910	833	13,8	960	119	3,64	29,5	25/23	86
360 o	364	172	9,2	14,7	18	298	33,5	84,1	66,0	19 050	1050	15,1	1250	146	3,86	32,1	25	90
400 o	404	182	9,7	15,5	21	331	39,2	96,4	75,7	26 750	1320	16,7	1560	172	4,03	35,6	28/25	98
400 v	408	182	10,6	17,5	21	331	43,2	107	84,0	30 140	1480	16,8	1770	194	4,06	35,8	28/25	98
450 o	456	192	11,0	17,6	21	378	50,2	118	92,4	40 920	1790	18,7	2090	217	4,21	40,0	28	106
450 v	460	194	12,4	19,6	21	378	57,0	132	104	46 200	2010	18,7	2400	247	4,26	39,8	28	106
500 o	506	202	12,0	19,0	21	426	60,7	137	107	57 780	2280	20,6	2620	260	4,38	44,2	28	110
500 v	514	204	14,2	23,0	21	426	73,0	164	129	70 720	2750	29,8	3270	321	4,46	44,7	28	110
550 o	556	212	12,7	20,2	24	467	70,6	156	123	79 160	2850	22,5	3220	304	4,55	48,5	28	120
550 v	566	216	17,1	25,2	24	467	96,8	202	159	102 300	3620	22,5	4260	395	4,59	48,7	28	120
600 o	610	224	15,0	24,0	24	514	91,5	197	154	118 300	3880	24,5	4520	404	4,79	52,9	28	120
600 v	618	228	18,0	28,0	24	514	111	234	184	141 600	4580	24,6	5570	489	4,88	53,2	28	120

*) Bei mehreren Werten für d_1 siehe Seite 3.
**) Genormte Schrauben für HV-Verbindungen sind hier nicht anwendbar.

Mittelbreite I-Träger

I PEa-Reihe = I PEI I PE 750-Reihe

Kurzzeichen	Maße in mm für						A_{Steg}	A	G	Für die Biegeachsen						s_y	Flanschenlöcher n. DIN 18800 Teil 1 Ausg. März 1981*)	
										y-y			z-z					
	h	b	t_s	t_g	r	h-2c	cm²	cm²	kg/m	I_y cm⁴	W_y cm³	i_y cm	I_z cm⁴	W_z cm³	i_z cm	cm	d_1 mm	w_1 mm
			s	t				F		J_x	W_x	i_x	J_y	W_y	i_y	s_x		
I PEa / IPEI	**Mittelbreite I-Träger I PEa-Reihe = IPEI** (nicht genormt)																	
80 a	78	46	3,3	4,2	5	59,6	2,57	6,38	5,00	64,4	16,5	3,18	6,85	2,98	1,04	6,79	6,4	27
100 a	98	55	3,6	4,7	7	74,6	3,53	8,78	6,89	141	28,8	4,01	13,1	4,77	1,22	8,56	8,4	30
120 a	117,6	64	3,8	5,1	7	93,4	4,47	11,0	8,66	257	43,8	4,83	22,4	7,00	1,43	10,3	8,4	39
140 a	137,4	73	3,8	5,6	7	112	5,22	13,4	10,5	435	63,3	5,70	36,4	9,98	1,65	12,2	11	40
160 a	157	82	4,0	5,9	7	127	6,28	16,2	12,7	689	87,8	6,53	54,4	13,3	1,83	13,9	13**)	43
180 a	177	91	4,3	6,5	9	146	7,61	19,6	15,4	1 063	120	7,37	81,9	18,0	2,05	15,7	13	52
200 a	197	100	4,5	7,0	12	159	8,86	23,5	18,4	1 592	162	8,23	117	23,4	2,23	17,5	13	61
220 a	217	110	5,0	7,7	12	178	10,8	28,3	22,2	2 317	214	9,05	171	31,2	2,46	19,3	17	59
240 a	237	120	5,2	8,3	15	190	12,3	33,3	26,2	3 291	278	9,94	240	40,0	2,69	21,1	17	69
270 a	267	135	5,5	8,7	15	220	14,7	39,1	30,7	4 917	368	11,2	358	53,0	3,02	23,8	21/17	72
300 a	297	150	6,1	9,2	15	249	18,1	46,5	36,5	7 174	483	12,4	519	69,2	3,34	26,5	23	81
330 a	327	160	6,5	10,0	18	271	21,3	54,7	43,0	10 230	626	13,7	685	85,6	3,54	29,2	25/23	85
360 a	357,6	170	6,6	11,5	18	299	23,6	64,0	50,2	14 520	812	15,1	944	111	3,84	32,0	25	95
400 a	397	180	7,0	12,0	21	331	27,8	73,1	57,4	20 290	1022	16,7	1171	130	4,00	35,5	28/25	96
450 a	447	190	7,6	13,1	21	379	34,0	85,6	67,2	29 760	1331	18,7	1502	158	4,19	39,8	28	106
500 a	497	200	8,4	14,5	21	426	41,7	101	79,4	42 930	1728	20,6	1939	194	4,38	44,1	28	116
550 a	547	210	9,0	15,7	24	468	49,2	117	92,1	59 980	2193	22,6	2432	232	4,55	48,5	28	126
600 a	597	220	9,8	17,5	24	514	58,5	137	108	82 920	2778	24,6	3116	283	4,77	52,8	28	136
I PE 750***)	**Mittelbreite I-Träger, I PE 750-Reihe** (nicht genormt)																d_1 mm	$w_1 w_2$ mm	w_3 mm
750 x 137	753	263	11,5	17	17	685	86,6	175	137	159 900	4246	30,3	5166	393	5,44	65,7	28	95	42
147	753	265	13,2	17	17	685	99,4	187	147	166 100	4411	29,8	5289	399	5,31	65,0	28	97	42
161	758	266	13,8	19,3	17	685	105	204	161	186 100	4909	30,2	6073	457	5,45	65,7	28	98	42
173	762	267	14,4	21,6	17	685	110	221	173	205 800	5402	30,5	6873	515	5,57	66,2	28	99	42
185	766	267	14,9	23,6	17	685	114	236	185	223 000	5821	30,8	7510	563	5,65	66,6	28	99	42
196	770	268	15,6	25,4	17	685	120	251	196	240 300	6241	31,0	8175	610	5,71	67,0	28	100	42
210	775	268	16	28	17	685	124	268	210	262 200	6765	31,3	9011	672	5,80	67,6	28	100	42
222	778	269	17	29,5	17	685	132	283	222	278 200	7152	31,3	9604	714	5,82	67,6	28	101	42

*) Bei mehreren Werten für d_1 siehe Seite 3.
**) Genormte Schrauben für HV-Verbindungen sind hier nicht anwendbar.
***) Verfügbarkeit mit Lieferwerk abklären.

Walzträger nach Maß

werden neben den aufgeführten Profilen der I PE- und HE = I PB-Reihen (Seite 6 bis 10) von Arbed-Luxemburg und Preussagstahl AG, Salzgitter, gefertigt. Diese unterscheiden sich von den Standardprofilen durch geänderte, optimierte Steg- und Flanschdicken. Für diese Profile ist eine Mindestbestellmenge erforderlich, deren Höhe bei den Werken zu erfragen ist.

Breite I-Träger

Reihe HE-AA = IPBII
Besonders leichte Ausführung

Reihe HE-A = I PBI
Leichte Ausführung

Kurzzeichen	Maße in mm für						A_{Steg}	A	G	Für die Biegeachsen y-y			z-z			s_y	Flanschenlöcher nach DIN 997 Ausg. Okt. 1970		
	h	b	t_s	t_g	r	h-$2c$	cm^2	cm^2	kg/m	I_y cm^4	W_y cm^3	i_y cm	I_z cm^4	W_z cm^3	i_z cm	cm	d_1 mm	w_1 w_2 mm	w_3 mm
			s	t				F		J_x	W_x	i_x	J_y	W_y	i_y	s_x			
HE-AA IPBII	**Breite I-Träger, besonders leichte Ausführung, Reihe HE-AA = PBII** (nicht genormt)																		
100	91	100	4,2	5,5	12	56	3,82	15,6	12,2	237	52,0	3,89	92,1	18,4	2,43	8,11	13	60	–
120	109	120	4,2	5,5	12	74	4,58	18,6	14,6	413	75,8	4,72	159	26,5	2,93	9,83	17	69	–
140	128	140	4,3	6	12	92	5,50	23,0	18,1	719	112	5,59	275	39,3	3,45	11,6	21	75	–
160	148	160	4,5	7	15	104	6,66	30,4	23,8	1 283	173	6,50	479	59,8	3,97	13,5	23	88	–
180	167	180	5	7,5	15	122	8,35	36,5	28,7	1 967	236	7,34	730	81,1	4,47	15,2	25	105	–
200	186	200	5,5	8	18	134	10,2	44,1	34,6	2 944	317	8,17	1 068	107	4,92	17,0	25	115	–
220	205	220	6	8,5	18	152	12,3	51,5	40,4	4 170	407	9,00	1 510	137	5,42	18,7	25	125	–
240	224	240	6,5	9	21	164	14,6	60,4	47,4	5 835	521	9,83	2 077	173	5,87	20,5	25	93	35
260	244	260	6,5	9,5	24	177	15,9	69,0	54,1	7 981	654	10,8	2 788	214	6,38	22,3	25	99	40
280	264	280	7	10	24	196	18,5	78,0	61,2	10 560	800	11,6	3 664	262	6,85	24,2	25	99	50
300	283	300	7,5	10,5	27	208	21,2	88,9	69,8	13 800	976	12,5	4 734	316	7,30	25,9	28	112	50
320	301	300	8	11	27	225	24,1	94,6	74,2	16 450	1 093	13,2	4 959	331	7,24	27,5	28	112	50
340	320	300	8,5	11,5	27	243	27,2	101	78,9	19 550	1 222	13,9	5 185	346	7,18	29,1	28	113	50
360	339	300	9	12	27	261	30,5	107	83,7	23 040	1 359	14,7	5 410	361	7,12	30,8	28	113	50
400	378	300	9,5	13	27	298	35,9	118	92,4	31 250	1 654	16,3	5 861	391	7,06	34,3	28	114	50
450	425	300	10 0	13,5	27	344	42,5	127	99,7	41 890	1 971	18,2	6 088	406	6,92	38,4	28	114	50
500	472	300	10,5	14	27	390	49,6	137	107	54 640	2 315	20,0	6 314	421	6,79	42,4	28	115	50
550	522	300	11,5	15	27	438	60,0	153	120	72 870	2 792	21,8	6 767	451	6,65	46,6	28	116	50
600	571	300	12	15,5	27	486	68,5	164	129	91 870	3 218	23,7	6 993	466	6,53	50,7	28	116	50
650	620	300	12,5	16	27	534	77,5	176	138	113 900	3 676	25,5	7 221	481	6,41	54,8	28	117	49
700	670	300	13	17	27	582	87,1	191	150	142 700	4 260	27,3	7 673	512	6,34	59,0	28	117	49
800	770	300	14	18	30	674	108	218	172	208 900	5 426	30,9	8 134	542	6,10	67,1	28	124	46
900	870	300	15	20	30	770	130	252	198	301 100	6 923	34,6	9 041	603	5,99	75,3	28	125	45
1000	970	300	16	21	30	868	155	282	222	406 500	8 380	38,0	9 501	633	5,80	83,2	28	126	45
HE-A I PBI	**Breite I-Träger mit parallelen Flanschflächen, leichte Ausführung, Reihe HE-A = I PBI nach DIN 1025 Teil 3**																		
100	96	100	5	8	12	56	4,80	21,2	16,7	349	72,8	4,06	134	26,8	2,51	8,41	13	56	–
120	114	120	5	8	12	74	5,70	25,3	19,9	606	106	4,89	231	38,5	3,02	10,1	17	66	–
140	133	140	5,5	8,5	12	92	7,31	31,4	24,7	1 030	155	5,73	389	55,6	3,52	11,9	21	76	–
160	152	160	6	9	15	104	9,12	38,8	30,4	1 670	220	6,57	616	76,9	3,98	13,6	23	86	–
180	171	180	6	9,5	15	122	10,3	45,3	35,5	2 510	294	7,45	925	103	4,52	15,5	25	100	–
200	190	200	6,5	10	18	134	12,3	53,8	42,3	3 690	389	8,28	1 340	134	4,98	17,2	25	110	–
220	210	220	7	11	18	152	14,7	64,3	50,5	5 410	515	9,17	1 950	178	5,51	19,0	25	120	–
240	230	240	7,5	12	21	164	17,2	76,8	60,3	7 760	675	10,1	2 770	231	6,00	20,9	25	94	35
260	250	260	7,5	12,5	24	177	18,7	86,2	68,2	10 450	836	11,0	3 670	282	6,50	22,7	25	100	40
280	270	280	8	13	24	196	21,6	97,3	76,4	13 670	1 010	11,9	4 760	340	7,00	24,6	25	110	45
300	290	300	8,5	14	27	208	24,6	113	88,3	18 260	1 260	12,7	6 310	421	7,49	26,4	28	120	45
320	310	300	9	15,5	27	225	27,9	124	97,6	22 930	1 480	13,6	6 990	466	7,49	28,2	28	120	45
340	330	300	9,5	16,5	27	243	31,3	133	105	27 690	1 680	14,4	7 440	496	7,46	29,9	28	120	45
360	350	300	10	17,5	27	261	35,0	143	112	33 090	1 890	15,2	7 890	526	7,43	31,7	28	120	45
400	390	300	11	19	27	298	42,9	159	125	45 070	2 310	16,8	8 560	571	7,34	35,2	28	120	45
450	440	300	11,5	21	27	344	50,6	178	140	63 720	2 900	18,9	9 470	631	7,29	39,6	28	120	45
500	490	300	12	23	27	390	58,8	198	155	86 970	3 550	21,0	10 370	691	7,24	44,1	28	120	45
550	540	300	12,5	24	27	438	67,5	212	166	111 900	4 150	23,0	10 820	721	7,15	48,4	28	120	45
600	590	300	13	25	27	486	76,7	226	178	141 200	4 790	25,0	11 270	751	7,05	52,8	28	120	45
650	640	300	13,5	26	27	534	86,4	242	190	175 200	5 470	26,9	11 720	782	6,97	57,1	28	120	45
700	690	300	14,5	27	27	582	100	260	204	215 300	6 240	28,8	12 180	812	6,84	61,2	28	120	45
800	790	300	15	28	30	674	118	286	224	303 400	7 680	32,6	12 640	843	6,65	69,8	28	130	40
900	890	300	16	30	30	770	142	321	252	422 100	9 480	36,3	13 550	903	6,50	78,1	28	130	40
1000	990	300	16,5	31	30	868	163	347	272	553 800	11 190	40,0	14 000	934	6,35	86,4	28	130	40

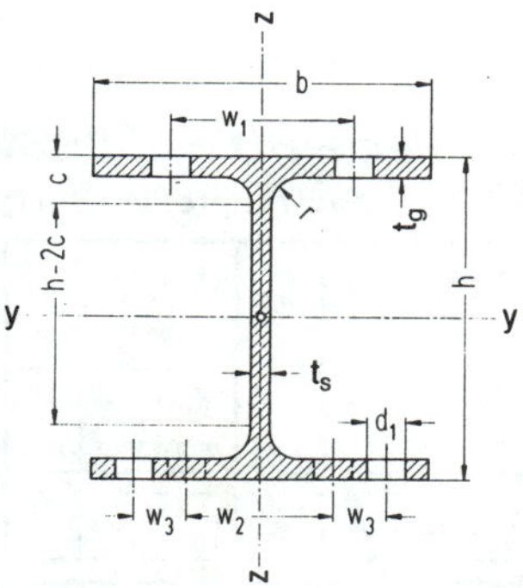

Breite I-Träger

Reihe HE-B = I PB

HE HL HX mit großen Höhen

Mantelfläche U siehe Seite 40

Rechenwerte W_{pl} M_{pl} N_{pl} Q_{pl} S_y I_T C siehe Seite 30, 31 und 32

Frühere Benennungen

Kurzzeichen	Maße in mm für: h	b	t_s	t_g	r	h-2c	A_{Steg} cm²	A cm²	G kg/m	Für die Biegeachsen y-y: I_y cm⁴	W_y cm³	i_y cm	z-z: I_z cm⁴	W_z cm³	i_z cm	s_y cm	Flanschenlöcher nach DIN 997 Ausg. Okt. 1970: d_1 mm	w_1 w_2 mm	w_3 mm
Frühere Benennungen			s	t				F		J_x	W_x	i_x	J_y	W_y	i_y	s_x			
HE-B I PB	**Breite I-Träger mit parallelen Flanschflächen, Reihe HE-B = I PB nach DIN 1025 Teil 2**																		
100	100	100	6	10	12	56	6,00	26,0	20,4	450	89,9	4,16	167	33,5	2,53	8,63	13	56	–
120	120	120	6,5	11	12	74	7,80	34,0	26,7	864	144	5,04	318	52,9	3,06	10,5	17	66	–
140	140	140	7	12	12	92	9,80	43,0	33,7	1 510	216	5,93	550	78,5	3,58	12,3	21	76	–
160	160	160	8	13	15	104	12,8	54,3	42,6	2 490	311	6,78	889	111	4,05	14,1	23	86	–
180	180	180	8,5	14	15	122	15,3	65,3	51,2	3 830	426	7,66	1 360	151	4,57	15,9	25	100	–
200	200	200	9	15	18	134	18,0	78,1	61,3	5 700	570	8,54	2 000	200	5,07	17,7	25	110	–
220	220	220	9,5	16	18	152	20,9	91,0	71,5	8 090	736	9,43	2 840	258	5,59	19,6	25	120	–
240	240	240	10	17	21	164	24,0	106	83,2	11 260	938	10,3	3 920	327	6,08	21,4	25	96	35
260	260	260	10	17,5	24	177	26,0	118	93,0	14 920	1 150	11,2	5 130	395	6,58	23,3	25	106	40
280	280	280	10,5	18	24	196	29,4	131	103	19 270	1 380	12,1	6 590	471	7,09	25,1	25	110	45
300	300	300	11	19	27	208	33,0	149	117	25 170	1 680	13,0	8 560	571	7,58	26,9	28	120	45
320	320	300	11,5	20,5	27	225	36,8	161	127	30 820	1 930	13,8	9 240	616	7,57	28,7	28	120	45
340	340	300	12	21,5	27	243	40,8	171	134	36 660	2 160	14,6	9 690	646	7,53	30,4	28	120	45
360	360	300	12,5	22,5	27	261	45,0	181	142	43 190	2 400	15,5	10 140	676	7,49	32,2	28	120	45
400	400	300	13,5	24	27	298	54,0	198	155	57 680	2 880	17,1	10 820	721	7,40	35,7	28	120	45
450	450	300	14	26	27	344	63,0	218	171	79 890	3 550	19,1	11 720	781	7,33	40,1	28	120	45
500	500	300	14,5	28	27	390	72,5	239	187	107 200	4 290	21,2	12 620	842	7,27	44,5	28	120	45
550	550	300	15	29	27	438	82,5	254	199	136 700	4 970	23,2	13 080	872	7,17	48,9	28	120	45
600	600	300	15,5	30	27	486	93,0	270	212	171 000	5 700	25,2	13 530	902	7,08	53,2	28	120	45
650	650	300	16	31	27	534	104	286	225	210 600	6 480	27,1	13 980	932	6,99	57,5	28	120	45
700	700	300	17	32	27	582	119	306	241	256 900	7 340	29,0	14 440	963	6,87	61,7	28	126	45
800	800	300	17,5	33	30	674	140	334	262	359 100	8 980	32,8	14 900	994	6,68	70,2	28	130	40
900	900	300	18,5	35	30	770	166	371	291	494 100	10 980	36,5	15 820	1050	6,53	78,5	28	130	40
1000	1000	300	19	36	30	868	190	400	314	644 700	12 890	40,1	16 280	1090	6,38	86,8	28	130	40
HE HL HX	**HE-, HL- und HX-Profile mit besonders breiten Flanschen und großen Höhen (nicht genormt)**																in Anlehnung an DIN 997		
HL 1000 AA	970	400	16,5	21	30	868	160	329	258	504 400	10 400	39,2	22 450	1123	8,26	84,9	31	133	87
A	990	400	16,5	31	30	868	163	409	321	696 400	14 070	41,3	33 120	1656	9,00	88,2	31	133	87
B	1000	400	19	36	30	868	190	472	371	812 100	16 240	41,5	38 480	1924	9,03	88,7	31	135	86
M	1008	402	21	40	30	868	212	524	412	909 800	18 050	41,7	43 410	2160	9,10	89,0	31	137	86
HX 1000 AA	970	450	18	21	30	868	175	364	286	561 600	11 580	39,3	31 960	1420	9,37	85,1	34	140	104
A	992	450	18	32	30	868	179	463	363	799 800	16 130	41,6	48 670	2163	10,3	88,6	37	146	96
***) B**	1000	451	19	36	30	868	190	509	399	897 400	17 950	42,0	55 120	2444	10,4	89,3	37	147	96
M	1008	453	21	40	30	868	212	565	444	1 005 400	19 950	42,2	62 670	2740	10,5	89,7	37	149	96
R	1016	455	23	44	30	868	234	622	488	1 115 700	21 960	42,4	69 200	3042	10,6	90.1	37	151	96
HE 1100 A	1090	300	18	31	20	988	196	374	294	693 500	12 720	43,0	14 010	934	6,12	93,8	28	130	40
B	1100	300	20	36	20	988	220	425	334	801 500	14 570	43,4	16 280	1085	6,19	94,5	28	130	40
***) M**	1108	302	22	40	20	988	244	471	370	897 300	16 200	43,6	18 460	1223	6,26	95,1	28	132	42
R	1118	305	26	45	20	988	291	545	428	1 034 900	18 510	43,6	21 440	1406	6,27	95,0	28	134	42
HL 1100 A	1090	400	18	31	20	988	196	436	343	867 400	15 920	44,6	33 120	1656	8,71	96,1	31	133	87
B	1100	400	20	36	20	988	220	497	390	1 005 400	18 280	45,0	38 480	1924	8,80	96,7	31	135	86
M	1108	402	22	40	20	988	244	551	433	1 125 600	20 320	45,2	43 410	2160	8,87	97,2	31	137	86
R	1118	405	26	45	20	988	291	635	499	1 294 100	23 150	45,1	49 980	2468	8,87	97,3	31	141	86

*) Bei diesen 9 Profilen Verfügbarkeit mit Lieferwerk abklären.

Breite I-Träger

Reihe HE-M = I PBv — **Verstärkte Ausführung**

Reihe HP — **mit gleicher Dicke für Flansche und Steg**

Reihe HD = I PBSt — **Stützenprofile (S. 11)**

Kurzzeichen	Maße in mm für h	b	t_s	t_g	r	h-2c	A_{Steg}	A	G	Für die Biegeachsen y-y I_y	W_y	i_y	z-z I_z	W_z	i_z	s_y	Flanschenlöcher nach DIN 997 Ausg. Okt. 1970 d_1	w_1 w_2	w_3
							cm²	cm²	kg/m	cm⁴	cm³	cm	cm⁴	cm³	cm	cm	mm	mm	mm
			s	t				F		J_x	W_x	i_x	J_y	W_y	i_y	s_x			
HE-M I PBv	**Breite I-Träger mit parallelen Flanschflächen, verstärkte Ausführung, Reihe HE-M = I PBv nach DIN 1025 Teil 4**																		
100	120	106	12	20	12	56	14,4	53,2	41,8	1 140	190	4,63	399	75,3	2,74	9,69	13	60	–
120	140	126	12,5	21	12	74	17,5	66,4	52,1	2 020	288	5,51	703	112	3,25	11,5	17	68	–
140	160	146	13	22	12	92	20,8	80,6	63,2	3 290	411	6,39	1 140	157	3,77	13,3	21	76	–
160	180	166	14	23	15	104	25,2	97,1	76,2	5 100	566	7,25	1 760	212	4,26	15,1	23	86	–
180	200	186	14,5	24	15	122	29,0	113	88,9	7 480	748	8,13	2 580	277	4,77	16,9	25	100	–
200	220	206	15	25	18	134	33,0	131	103	10 640	967	9,00	3 650	354	5,27	18,7	25	110	–
220	240	226	15,5	26	18	152	37,2	149	117	14 600	1 220	9,89	5 010	444	5,79	20,6	25	120	–
240	270	248	18	32	21	164	48,6	200	157	24 290	1 800	11,0	8 150	657	6,39	22,9	25/23	100	35
260	290	268	18	32,5	24	177	52,2	220	172	31 310	2 160	11,9	10 450	780	6,90	24,8	25	110	40
280	310	288	18,5	33	24	196	57,3	240	189	39 550	2 550	12,8	13 160	914	7,40	26,7	25	116	45
300	340	310	21	39	27	208	71,4	303	238	59 200	3 480	14,0	19 400	1250	8,00	29,0	25	120	50
320/305*)	320	305	16	29	27	208	51,2	225	177	40 950	2 560	13,5	13 740	901	7,81	28,0	28	120	50
320	359	309	21	40	27	225	75,4	312	245	68 130	3 800	14,8	19 710	1280	7,95	30,7	28	126	47
340	377	309	21	40	27	243	79,2	316	248	76 370	4 050	15,6	19 710	1280	7,90	32,4	28	126	47
360	395	308	21	40	27	261	82,9	319	250	84 870	4 300	16,3	19 520	1270	7,83	34,0	28	126	47
400	432	307	21	40	27	298	90,7	326	256	104 100	4 820	17,9	19 340	1260	7,70	37,4	28	126	47
450	478	307	21	40	27	344	100	335	263	131 500	5 500	19,8	19 340	1260	7,59	41,5	28	126	47
500	524	306	21	40	27	390	110	344	270	161 900	6 180	21,7	19 150	1250	7,46	45,7	28	130	45
550	572	306	21	40	27	438	120	354	278	198 000	6 920	23,6	19 160	1250	7,35	49,9	28	130	45
600	620	305	21	40	27	486	130	364	285	237 400	7 660	25,6	18 980	1240	7,22	54,1	28	130	45
650	668	305	21	40	27	534	140	374	293	281 700	8 430	27,5	18 980	1240	7,13	58,3	28	130	45
700	716	304	21	40	27	582	150	383	301	329 300	9 200	29,3	18 800	1240	7,01	62,5	28	130	42
800	814	303	21	40	30	674	171	404	317	442 600	10 870	33,1	18 630	1230	6,79	70,9	28	132	42
900	910	302	21	40	30	770	191	424	333	570 400	12 540	36,7	18 450	1220	6,60	79,0	28	132	42
1000	1008	302	21	40	30	868	212	444	349	722 300	14 330	40,3	18 460	1220	6,45	87,2	28	132	42
HP)	**Reihe HP mit gleicher Dicke für Flansche und Steg (nicht genormt)**																in Anlehnung an DIN 997		
200 x 200 x 43	200	205	9,0	9,0	10	162	18,0	54,1	43,2	3 890	389	8,48	1 290	126	4,88	17,9	25	100	–
53	204	207	11,3	11,3	10	161	23,1	68,1	53,6	4 980	488	8,55	1 670	161	4,95	18,0	25	100	–
250 x 250 x 53	243	254	9,0	9,0	13	199	21,9	67,4	53,6	7 290	600	10,4	2 460	194	6,04	22,0	25	110	–
62	246	256	10,5	10,7	13	199	25,8	79,8	62,5	8 750	711	10,5	3 000	234	6,13	22,1	25	110	–
85	254	260	14,4	14,4	13	199	36,6	109	84,8	12 300	969	10,6	4 230	325	6,23	22,4	25	110	35
310 x 310 x 64	295	304	9,0	9,0	15	247	26,6	81,6	64,0	13 140	891	12,7	4 220	278	7,19	26,8	28	120	45
79	299	306	11,0	11,0	15	247	32,9	99,7	78,9	16 270	1 090	12,8	5 260	344	7,26	27,0	28	120	45
93	303	308	13,1	13,1	15	247	39,7	119	93,7	19 630	1 300	12,8	6 390	415	7,33	27,2	28	120	45
110	308	310	15,4	15,5	15	247	47,4	141	110	23 650	1 540	13,0	7 710	497	7,39	27,4	28	120	45
125	312	312	17,4	17,4	15	247	54,3	159	125	27 030	1 730	13,0	8 820	565	7,45	27,6	28	120	45
360 x 370 x 84	340	367	10,0	10,0	15	290	34,0	107	83,3	23 190	1 360	14,7	8 240	449	8,78	31,0	28	132	70
108	346	370	12,8	12,8	15	290	44,3	138	108	30 290	1 750	14,8	10 810	584	8,85	31,3	28	132	70
132	351	373	15,6	15,6	15	290	54,8	168	132	37 480	2 140	14,9	13 510	724	8,97	31,5	28	132	70
152	356	376	17,9	17,9	15	290	63,7	194	152	43 880	2 470	15,0	15 880	845	9,05	31,8	28	132	70
174	361	378	20,4	20,4	15	290	73,6	221	174	50 840	2 820	15,2	18 390	973	9,12	32,0	28	132	70
360 x 410 x 104	344	387	12,0	12,0	15	290	41,3	133	104	29 360	1 710	14,9	11 600	599	9,34	31,2	28	132	70
122	348	390	14	14	15	290	51,5	156	122	34 770	2 000	14,9	13 850	710	9,42	31,3	28	132	70
140	352	392	16	16	15	290	56,3	179	140	40 270	2 290	15,0	16 080	820	9,48	31,7	28	132	70
158	356	394	18	18	15	290	64,1	201	158	45 940	2 580	15,1	18 370	932	9,56	31,9	28	132	70
176	360	396	20	20	15	290	72,0	224	176	51 770	2 880	15,2	20 720	1050	9,62	32,0	28	132	70
194	364	398	22	22	15	290	80,0	247	194	57 760	3 170	15,3	23 150	1160	9,68	32,3	28	132	70
213	368	400	24	24	15	290	88,3	271	213	63 920	3 470	15,4	25 640	1280	9,73	32,4	28	132	70
231	372	402	26	26	15	290	96,7	294	231	70 260	3 780	15,5	28 200	1400	9,79	32,5	28	132	70

Bei mehreren Werten von d_1 siehe Seite 3. *) Nach EURONORM 53-62 **(HE-C)** **) Verfügbarkeit mit Lieferwerk abklären.

Kurzzeichen	Maße in mm für *h*	*b*	t_s	t_g	*r*	*h-2c*	A_{Steg} cm²	*A* cm²	*G* kg/m	Für die Biegeachsen y-y: I_y cm⁴	W_y cm³	i_y cm	z-z: I_z cm⁴	W_z cm³	i_z cm	s_y cm	Flanschenlöcher in Anlehnung an DIN 997: d_1 mm	w_1 w_2 mm	w_3 mm
			s	*t*				*F*		J_x	W_x	i_x	J_y	W_y	i_y	s_x			
HD ⌶ PBSt	**Reihe HD = ⌶ PBSt Breitflanschträger-Stützenprofile (nicht genormt)**																		
310 x 143	323	308	14	23	15	247	45,2	182	143	34 770	2 153	13,8	11 210	728	7,84	28,7	28	120	50
179	333	313	18,5	28	15	247	61,6	228	179	44 510	2 673	14,0	14 330	916	7,92	29,1	28	130	45
227	348	317	22,5	35,5	15	247	78,3	289	227	59 520	3 421	14,3	18 880	1 191	8,08	29,9	28	130	45
*) **283**	365	322	27	44	15	247	98,6	360	283	78 590	4 306	14,8	24 530	1 524	8,25	30,8	28	130	45
343	382	328	32,5	52,5	15	247	124	436	343	100 400	5 255	15,2	30 960	1 888	8,42	31,8	28	130	45
415	403	334	38	63	15	247	153	528	415	130 100	6 456	15,7	39 260	2 351	8,62	32,9	28	130	45
454	415	336	40,5	69	15	247	168	578	454	148 100	7 139	16,0	43 790	2 686	8,71	33,6	28	130	45
500	427	340	45	75	15	247	192	637	500	168 700	7 901	16,3	49 350	2 903	8,81	34,2	28	130	45
360 x 134	356	308	11,5	18	15	290	40,9	171	134	41 490	2 331	15,6	14 960	813	9,35	32,4	28	130	45
148	360	370	12	20	15	290	43,2	188	148	46 570	2 587	15,7	16 890	913	9,47	32,6	28	130	45
162	364	371	13	22	15	290	47,3	207	162	51 820	2 847	15,8	18 730	1 010	9,52	32,8	28	130	45
179	368	372	15	24	15	290	55,2	228	179	57 480	3 124	15,9	20 600	1 108	9,50	33,0	28	130	45
400 x 187	368	391	15	24	15	290	55,2	238	187	60 180	3 271	15,9	23 920	1 224	10,0	33,1	28	130	70
216	375	394	17,5	27,5	15	290	65,6	275	216	70 810	3 776	16,1	28 050	1 424	10,1	33,4	28	130	70
237	381	395	18,5	30,5	15	290	70,5	302	237	79 710	4 184	16,2	31 350	1 587	10,2	33,8	28	130	70
262	387	397	20,5	33,5	15	290	79,3	334	262	89 420	4 621	16,4	34 960	1 761	10,2	34,0	28	130	70
288	393	399	23	36,5	15	290	90,4	367	288	99 620	5 070	16,5	38 680	1 939	10,3	34,2	28	130	80
314	400	400	24,5	40	15	290	98,0	400	314	111 300	5 564	16,7	42 710	2 136	10,3	34,7	28	130	80
347	407	404	27,5	43,5	15	290	112	441	347	124 600	6 125	16,8	47 870	2 370	10,4	35,0	28	130	80
383	416	406	30	48	15	290	125	488	383	141 400	6 797	17,0	53 620	2 641	10,5	35,5	28	130	80
422	425	409	33	52,5	15	290	140	537	422	159 400	7 503	17,2	59 970	2 932	10,6	35,9	30	130	80
463	435	412	35,5	57,5	15	290	154	589	463	180 300	8 288	17,5	67 150	3 260	10,7	36,5	30	130	80
509	445	416	39,5	62,5	15	290	176	648	509	203 200	9 130	17,7	75 170	3 614	10,8	37,0	30	130	80
551	455	418	42,5	67,5	15	290	193	702	551	226 100	9 936	17,9	82 380	3 942	10,8	37,5	30	140	90
593	465	421	44,5	72,5	15	290	207	755	593	250 400	10 770	18,2	90 410	4 295	10,9	38,1	30	140	90
634	475	423	47	77,5	15	290	223	808	634	275 600	11 600	18,5	98 050	4 636	11,0	38,7	30	140	90
678	484	427	50	82	15	290	244	864	678	301 100	12 440	18,7	106 800	5 000	11,1	39,1	30	140	90
744	499	431	54,5	89,5	15	290	272	948	744	343 900	13 780	19,0	119 900	5 563	11,2	39,9	30	140	90

*) Bei diesen 8 Profilen Verfügbarkeit mit Lieferwerk abklären.

Wabenträger

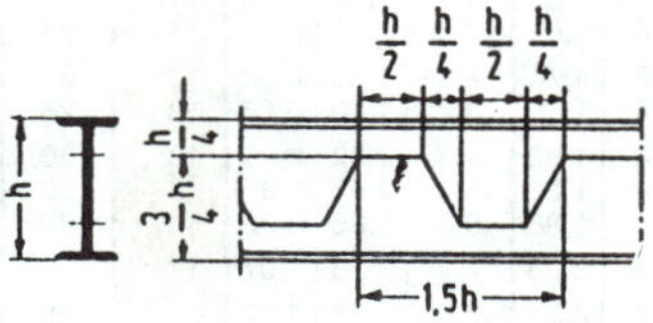

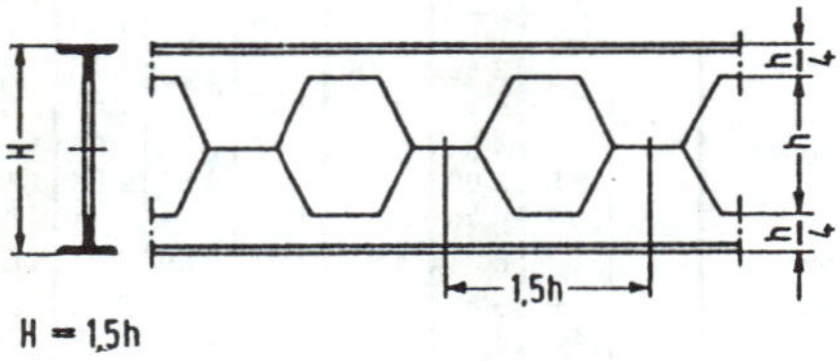

Wabenträger sind in den Stegen zahnstangenartig getrennte Walzträger, deren Hälften um eine halbe Schnitteinheit gegeneinander versetzt und miteinander verschweißt worden sind. Es gibt verschiedene Schnittführungen.

Die Abbildung zeigt die Peiner Schnittführung, wobei die Bauhöhe auf das Anderthalbfache des als Grundprofil verwendeten Walzträgers vergrößert und dadurch bei gleichem Gewicht die Tragfähigkeit erhöht wird. Die Stegöffnungen bieten gute Installationsmöglichkeiten.

Als Grundprofile für die Wabenträger dienen hauptsächlich die Breitflanschträger-Reihen HE-AA = ⌶ PBII, HE-A = ⌶ PBI, HE-B = ⌶ PB und HE-M = ⌶ PBv, je von 200 bis 1000 mm, sowie die Europa-Träger-Reihen ⌶ PEa = ⌶ PEI, ⌶ PE und ⌶ PEo, je von 200 bis 600 mm, und ⌶ PEv von 400 bis 600 mm.

Statische Werte für Wabenträger siehe „Stahl im Hochbau", 14. Auflage, Band I, Teil 1, Seite 280/281.

Gleichschenkliger L-Stahl

Normallängen 6 bis 12 m

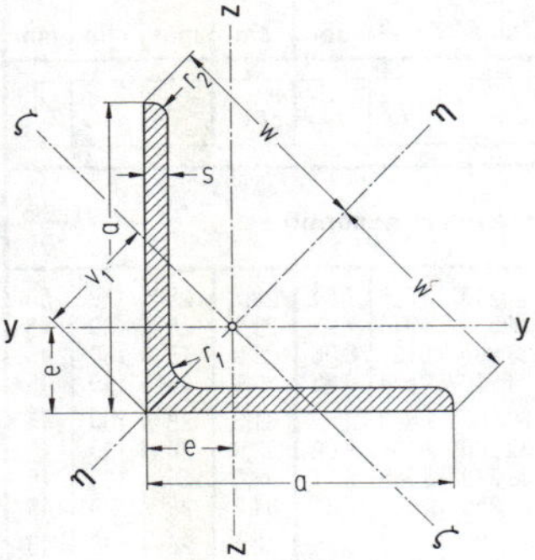

$i\zeta = i_{min}$
(beim Einzelwinkel)

Für **jeden** Abstand a_1 wird das Hauptträgheitsmoment bezogen auf die Achse *z-z* größer als das Hauptträgheitsmoment bezogen auf die Achse *y-y*.

Für a_1 ist aus korrosionsschutztechnischen Gründen DIN 55 928 Teil 2 (siehe Seite 42) zu beachten.

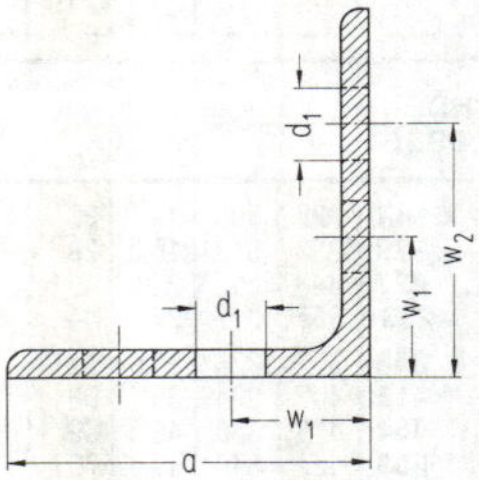

Benennungen in DIN 1028

Mantelfläche U siehe Seite 40

Maße in mm a x s	r_1	r_2	A	G	Abstände für die Achsen e cm	w cm	v_1 cm	Für die Biegeachsen y-y = z-z $I_y=I_z$ cm⁴	$W_y=W_z$ cm³	$i_y=i_z$ cm	η-η I_η cm⁴	i_η cm	ζ-ζ I_ζ cm⁴	W_ζ cm³	i_ζ cm	Schenkellöcher nach DIN 997 Oktober 1970 d_1 mm	w_1 mm
Kurzzeichen			*A*					$I_x=I_y$	$W_x=W_y$	$i_x=i_y$	I_ξ	i_ξ	I_η	W_η	i_η		
L	**Gleichschenkliger rundkantiger Winkelstahl** (warmgewalzt), **nach DIN 1028, Ausgabe Oktober 1976** EURONORM 56 weicht zum Teil von DIN 1028 ab.																
20 x 3	3,5	2	1,12	0,88	0,60	1,41	0,85	0,39	0,28	0,59	0,62	0,74	0,15	0,18	0,37	4,3	12
25 x 3	3,5	2	1,42	1,12	0,73	1,77	1,03	0,79	0,45	0,75	1,27	0,95	0,31	0,30	0,47	6,4	15
4			1,85	1,45	0,76		1,08	1,01	0,58	0,74	1,61	0,93	0,40	0,37	0,47	6,4	15
30 x 3	5	2,5	1,74	1,36	0,84	2,12	1,18	1,41	0,65	0,90	2,24	1,14	0,57	0,48	0,57	8,4	17
4			2,27	1,78	0,89		1,24	1,81	0,86	0,89	2,85	1,12	0,76	0,61	0,58	8,4	17
5			2,78	2,18	0,92		1,30	2,16	1,04	0,88	3,41	1,11	0,91	0,70	0,57	8,4	17
35 x 4	5	2,5	2,67	2,10	1,00	2,47	1,41	2,96	1,18	1,05	4,68	1,33	1,24	0,88	0,68	11	18
5			3,28	2,57	1,04		1,47	3,56	1,45	1,04	5,63	1,31	1,49	1,01	0,67	11	18
40 x 4	6	3	3,08	2,42	1,12	2,83	1,58	4,48	1,56	1,21	7,09	1,52	1,86	1,18	0,78	11	22
5			3,79	2,97	1,16		1,64	5,43	1,91	1,20	8,64	1,51	2,22	1,35	0,77	11	22
45 x 4	7	3,5	3,49	2,74	1,23	3,18	1,75	6,43	1,97	1,36	10,2	1,71	2,68	1,53	0,88	13	25
5			4,30	3,38	1,28		1,81	7,83	2,43	1,35	12,4	1,70	3,25	1,80	0,87	13	25
50 x 5	7	3,5	4,80	3,77	1,40	3,54	1,98	11,0	3,05	1,51	17,4	1,90	4,59	2,32	0,98	13	30
6			5,69	4,47	1,45		2,04	12,8	3,61	1,50	20,4	1,89	5,24	2,57	0,96	13	30
7			6,56	5,15	1,49		2,11	14,6	4,15	1,49	23,1	1,88	6,02	2,85	0,96	13	30
55 x 6	8	4	6,31	4,95	1,56	3,89	2,21	17,3	4,40	1,66	27,4	2,08	7,24	3,28	1,07	17	30
60 x 5	8	4	5,82	4,57	1,64	4,24	2,32	19,4	4,45	1,82	30,7	2,30	8,03	3,46	1,17	17	35
6			6,91	5,42	1,69		2,39	22,8	5,29	1,82	36,1	2,29	9,43	3,95	1,17	17	35
8			9,03	7,09	1,77		2,50	29,1	6,88	1,80	46,1	2,26	12,1	4,84	1,16	17	35
65 x 7	9	4,5	8,70	6,83	1,85	4,60	2,62	33,4	7,18	1,96	53,0	2,47	13,8	5,27	1,26	21	35
70 x 6	9	4,5	8,13	6,38	1,93	4,95	2,73	36,9	7,27	2,13	58,5	2,68	15,3	5,60	1,37	21	40
7			9,40	7,38	1,97		2,79	42,4	8,43	2,12	67,1	2,67	17,6	6,31	1,37	21	40
9			11,9	9,34	2,05		2,90	52,6	10,6	2,10	83,1	2,64	22,0	7,59	1,36	21	40
75 x 7	10	5	10,1	7,94	2,09	5,30	2,95	52,4	9,67	2,28	83,6	2,88	21,1	7,15	1,45	23	40
8			11,5	9,03	2,13		3,01	58,9	11,0	2,26	93,3	2,85	24,4	8,11	1,46	23	40

Lochabstände in gleichschenkligen Winkelstählen: DIN 999, Ausgabe Oktober 1970.

(Für 2 mm Lochspiel siehe „Stahl im Hochbau". 14. Aufl., Band I, Teil 1, S. 56/57; die Werte sind **nicht** genormt).

Maße in mm					Abstände für die Achsen			Für die Biegeachsen								Schenkellöcher*) nach DIN 997 Oktober 1970		
a s	r_1	r_2	A	G				y-y = z-z			η-η		ζ-ζ					
Kurzzeichen			cm²	kg/m	e cm	w cm	v_1 cm	$I_y = I_z$ cm⁴	$W_y = W_z$ cm³	$i_y = i_z$ cm	I_η cm⁴	i_η cm	I_ζ cm⁴	W_ζ cm³	i_ζ cm	d_1 mm	w_1 mm	w_2 mm
			A					$I_x = I_y$	$W_x = W_y$	$i_x = i_y$	I_ξ	i_ξ	I_η	W_η	i_η			
L	**Gleichschenkliger rundkantiger Winkelstahl** (warmgewalzt), **nach DIN 1028, Ausgabe Oktober 1976**																	
80 x 6			9,35	7,34	2,17		3,07	55,8	9,57	2,44	88,5	3,08	23,1	7,54	1,57	23	45	–
8	10	5	12,3	9,66	2,26	5,66	3,20	72,3	12,6	2,42	115	3,06	29,6	9,25	1,55	23	45	–
10			15,1	11,9	2,34		3,31	87,5	15,5	2,41	139	3,03	35,9	10,9	1,54	23	45	–
90 x 7	11	5,5	12,2	9,61	2,45	6,36	3,47	92,6	14,1	2,75	147	3,46	38,3	11,0	1,77	25	50	–
9			15,5	12,2	2,54		3,59	116	18,0	2,74	184	3,45	47,8	13,3	1,76	25	50	–
100 x 8			15,5	12,2	2,74		3,87	145	19,9	3,06	230	3,85	59,9	15,5	1,96	25	55	–
10	12	6	19,2	15,1	2,82	7,07	3,99	177	24,7	3,04	280	3,82	73,3	18,4	1,95	25	55	–
12			22,7	17,8	2,90		4,10	207	29,2	3,02	328	3,80	86,2	21,0	1,95	25	55	–
110 x 10	12	6	21,2	16,6	3,07	7,78	4,34	239	30,1	3,36	379	4,23	98,6	22,7	2,16	25	45	70
120 x 10			23,2	18,2	3,31		4,69	313	36,0	3,67	497	4,63	129	27,5	2,36	25	50	80
11	13	6,5	25,4	19,9	3,36	8,49	4,75	341	39,5	3,66	541	4,62	140	29,5	2,35	25	50	80
12			27,5	21,6	3,40		4,80	368	42,7	3,65	584	4,60	152	31,6	2,35	25	50	80
130 x 12	14	7	30,0	23,6	3,64	9,19	5,15	472	50,4	3,97	750	5,00	194	37,7	2,54	25	50	90
140 x 13	15	7,5	35,0	27,5	3,92	9,90	5,54	638	63,3	4,27	1010	5,38	262	47,3	2,74	28	55	95
150 x 12			34,8	27,3	4,12		5,83	737	67,7	4,60	1170	5,80	303	52,0	2,95	28	60	105
14	16	8	40,3	31,6	4,21	10,6	5,95	845	78,2	4,58	1340	5,77	347	58,3	2,94	28	60	105
15			43,0	33,8	4,25		6,01	898	83,5	4,57	1430	5,76	370	61,6	2,93	28	60	105
160 x 15	17	8,5	46,1	36,2	4,49	11,3	6,35	1100	95,6	4,88	1750	6,15	453	71,3	3,14	28	60	115
17			51,8	40,7	4,57		6,46	1230	108	4,86	1950	6,13	506	78,3	3,13	28	60	115
180 x 16	19	9	55,4	43,5	5,02	12,7	7,11	1680	130	5,51	2690	6,96	679	95,5	3,50	28	60	135
18			61,9	48,6	5,10		7,22	1870	145	5,49	2970	6,93	757	105	3,49	28	60/65	135
200 x 16			61,8	48,5	5,52		7,81	2341	162	6,16	3722	7,76	960	122	3,94	28	65	150
18	18	9	69,1	54,2	5,60	14,1	7,93	2599	181	6,13	4132	7,73	1067	134	3,93	28	65	150
20			76,3	59,9	5,68		8,04	2850	199	6,11	4529	7,70	1172	145	3,92	28	65	150
24			90,6	71,1	5,84		8,25	3331	235	6,06	5284	7,64	1378	167	3,90	28	65/70	150
L	**Gleichschenkliger rundkantiger Winkelstahl** (warmgewalzt), nicht genormt																	
100 x 14	12	6	26,2	20,6	2,98	7,07	4,21	235	33,5	3,00	372	3,77	98,3	23,4	1,94	25	55	–
140 x 15	15	7,5	40,0	31,4	4,00	9,90	5,66	723	72,3	4,25	1150	5,36	298	52,7	2,73	28	55	95
150 x 18	16	8	51,0	40,1	4,36	10,6	6,17	1050	99,3	4,54	1670	5,70	438	71,0	2,93	28	60	105
20			56,3	44,2	4,44		6,28	1150	100	4,51	1820	5,68	477	76,0	2,91	28	60	105
160 x 19	17	8,5	57,5	45,1	4,65	11,3	6,58	1350	118	4,84	2140	6,16	558	84,8	3,12	28	60	115
180 x 20	18	9	68,4	53,7	5,18	12,7	7,33	2040	160	5,47	3260	6,90	830	113	3,49	28	60/65	135
22			74,7	58,6	5,26		7,44	2210	174	5,44	3510	6,86	918	123	3,50	28	60/65	135
200 x 22			83,5	65,6	5,76		8,14	3094	217	6,09	4913	7,67	1276	156	3,91	28	65/70	150
26	18	9	97,6	76,6	5,91	14,1	8,36	3560	253	6,04	5642	7,61	1479	176	3,89	28	70	150
28			105	82,0	5,99		8,47	3780	270	6,02	5990	7,57	1580	186	3,89	28	70	150
30			111	87,4	6,06		8,57	4000	287	5,99	6323	7,54	1678	195	3,88	28	75	150
250 x 18			87,2	68,4	6,84		9,67	5213	287	7,73	8294	9,75	2132	220	4,95	28	70	200
20			96,4	75,7	6,92		9,79	5732	317	7,71	9118	9,73	2345	240	4,93	28	70	200
22			106	82,9	7,00		9,90	6237	347	7,69	9921	9,69	2554	257	4,92	28	70	200
24	20	10	115	90,0	7,08	17,7	10,0	6732	376	7,66	10703	9,66	2761	276	4,91	28	70	200
26			124	97,1	7,16		10,1	7214	404	7,64	11464	9,63	2965	293	4,90	28	75	200
28			133	104	7,23		10,2	7686	433	7,61	12205	9,60	3167	310	4,89	28	75	200

*) Bei mehreren Werten für w_1 siehe Seite 3.

Ungleichschenkliger L-Stahl

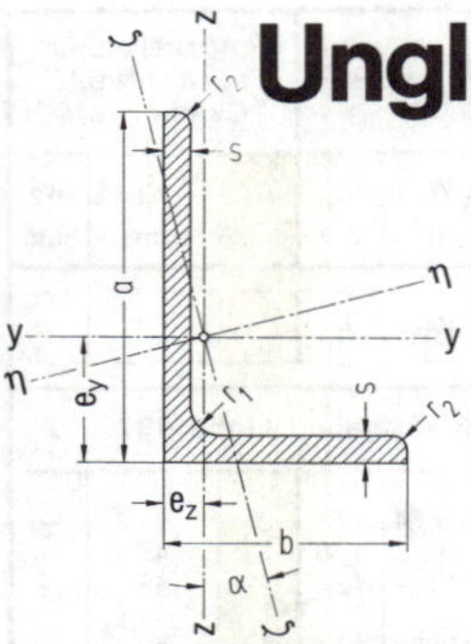

Normallängen 6 bis 12 m

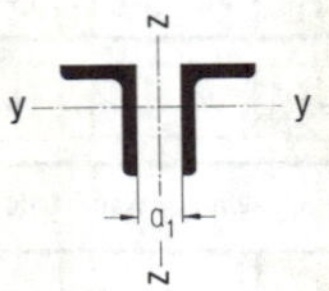

Für a_1 ist aus korrosionsschutztechnischen Gründen DIN 55 926 Teil 2 (siehe Seite 42) zu beachten.

$i_\zeta = i_{min}$ (beim Einzelwinkel)

Mantelfläche U siehe Seite 40

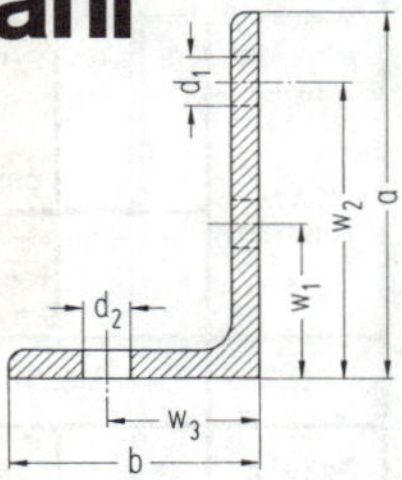

Benennungen in DIN 1029

Maße in mm			A	G	Lage der Achsen			Für die Biegeachsen										Schenkellöcher nach DIN 997 Ausg. Oktober 1970*)			
a b s	r_1	r_2			Abstände		Achse ζ-ζ	y-y			z-z			η-η		ζ-ζ					
					e_y	e_z	tan α	I_y	W_y	i_y	I_z	W_z	i_z	I_η	i_η	I_ζ	i_ζ	d_1	d_2	w_1	w_3
Kurzzeichen			cm^2	kg/m	cm	cm		cm^4	cm^3	cm	cm^4	cm^3	cm	cm^4	cm	cm^4	cm	mm	mm	mm	mm
			A		e_x	e_y		I_x	W_x	i_x	I_y	W_y	i_y	I_ξ	i_ξ	I_η	i_η				
L	**Ungleichschenkliger rundkantiger Winkelstahl** (warmgewalzt), **nach DIN 1029, Ausgabe Juli 1978** DIN 1029 enthält alle Nennwerte der EURONORM 57																				
30 x 20 x 3	3,5	2	1,42	1,11	0,99	0,50	0,431	1,25	0,62	0,94	0,44	0,29	0,56	1,43	1,00	0,25	0,42	8,4	4,3	17	12
4			1,85	1,45	1,03	0,54	0,423	1,59	0,81	0,93	0,55	0,38	0,55	1,81	0,99	0,33	0,42	8,4	4,3	17	12
40 x 20 x 3	3,5	2	1,72	1,35	1,43	0,44	0,259	2,79	1,08	1,27	0,47	0,30	0,52	2,96	1,31	0,30	0,42	11	4,3	22	12
4			2,25	1,77	1,47	0,48	0,252	3,59	1,42	1,26	0,60	0,39	0,52	3,79	1,30	0,39	0,42	11	4,3	22	12
40 x 25 x 4	4	2	2,40	1,93	1,36	0,62	0,381	3,89	1,47	1,26	1,16	0,62	0,69	4,35	1,33	0,70	0,53	11	6,4	22	15
45 x 30 x 3	4,5	2	2,19	1,72	1,43	0,70	0,436	4,47	1,46	1,43	1,60	0,70	0,86	5,15	1,53	0,93	0,65	13	8,4	25	17
4			2,87	2,25	1,48	0,74	0,436	5,78	1,91	1,42	2,05	0,91	0,85	6,65	1,52	1,18	0,64	13	8,4	25	17
5			3,53	2,77	1,52	0,78	0,430	6,99	2,35	1,41	2,47	1,11	0,84	8,02	1,51	1,44	0,64	13	8,4	25	17
50 x 30 x 4	4,5	2	3,07	2,41	1,68	0,70	0,356	7,71	2,33	1,59	2,09	0,91	0,82	8,53	1,67	1,27	0,64	13	8,4	30	17
5			3,78	2,96	1,73	0,74	0,353	9,41	2,88	1,58	2,54	1,12	0,82	10,4	1,66	1,56	0,64	13	8,4	30	17
50 x 40 x 4	4	2	3,46	2,71	1,52	1,03	0,629	8,54	2,47	1,57	4,86	1,64	1,19	10,9	1,78	2,46	0,84	13	11	30	22
5			4,27	3,35	1,56	1,07	0,625	10,4	3,02	1,56	5,89	2,01	1,18	13,3	1,76	3,02	0,84	13	11	30	22
60 x 30 x 5	6	3	4,29	3,37	2,15	0,68	0,256	15,6	4,04	1,90	2,60	1,12	0,78	16,5	1,96	1,69	0,63	17	8,4	35	17
60 x 40 x 5	6	3	4,79	3,76	1,96	0,97	0,437	17,2	4,25	1,89	6,11	2,02	1,13	19,8	2,03	3,50	0,86	17	11	35	22
6			5,68	4,46	2,00	1,01	0,433	20,1	5,03	1,88	7,12	2,38	1,12	23,1	2,02	4,12	0,85	17	11	35	22
7			6,55	5,14	2,04	1,05	0,429	23,0	5,79	1,87	8,07	2,74	1,11	26,3	2,00	4,73	0,85	17	11	35	22
65 x 50 x 5	6	3	5,54	4,35	1,99	1,25	0,583	23,1	5,11	2,04	11,9	3,18	1,47	28,8	2,28	6,21	1,06	21	13	35	30
7			7,60	5,97	2,07	1,33	0,574	31,0	6,99	2,02	15,8	4,31	1,44	38,4	2,25	8,37	1,05	21	13	35	30
9			9,58	7,52	2,15	1,41	0,567	38,2	8,77	2,00	19,4	5,39	1,42	47,0	2,22	10,5	1,05	21	13	35	30
70 x 50 x 6	6	3	6,88	5,40	2,24	1,25	0,497	33,5	7,04	2,21	14,3	3,81	1,44	39,9	2,41	7,94	1,07	21	13	40	30
75 x 50 x 7	6,5	3,5	8,30	6,51	2,48	1,25	0,433	46,4	9,24	2,36	16,5	4,39	1,41	53,3	2,53	9,56	1,07	23	13	40	30
9			10,5	8,23	2,56	1,32	0,427	57,4	11,6	2,34	20,2	5,49	1,39	65,7	2,50	11,9	1,07	23	13	40	30
75 x 55 x 5	7	3,5	6,30	4,95	2,31	1,33	0,530	35,5	6,84	2,37	16,2	3,89	1,60	43,1	2,61	8,68	1,17	23	17	40	30
7			8,66	6,80	2,40	1,41	0,525	47,9	9,39	2,35	21,8	5,32	1,59	57,9	2,59	11,8	1,17	23	17	40	30
9			10,9	8,59	2,47	1,48	0,518	59,4	11,8	2,33	26,8	6,66	1,57	71,3	2,55	14,8	1,16	23	17/13	40	30
80 x 40 x 6	7	3,5	6,89	5,41	2,85	0,88	0,259	44,9	8,73	2,55	7,59	2,44	1,05	47,6	2,63	4,90	0,84	23	11	45	22
8			9,01	7,07	2,94	0,95	0,253	57,6	11,4	2,53	9,68	3,18	1,04	60,9	2,60	6,41	0,84	23	11	45	22
80 x 60 x 7	8	4	9,38	7,36	2,51	1,52	0,546	59,0	10,7	2,51	28,4	6,34	1,74	72,0	2,77	15,4	1,28	23	17	45	35
80 x 65 x 8	8	4	11,0	8,66	2,47	1,73	0,645	68,1	12,3	2,49	40,1	8,41	1,91	88,0	2,82	20,3	1,36	23	21	45	35
10			13,6	10,7	2,55	1,81	0,640	82,2	15,1	2,46	48,3	10,3	1,89	106	2,79	24,8	1,35	23	21/17	45	35
90 x 60 x 6	7	3,5	8,69	6,82	2,89	1,41	0,442	71,7	11,7	2,87	25,8	5,61	1,72	82,8	3,09	14,6	1,30	25	17	50	35
8			11,4	8,96	2,97	1,49	0,437	92,5	15,4	2,85	33,0	7,31	1,70	107	3,06	19,0	1,29	25	17	50	35
100 x 50 x 6	9	4,5	8,73	6,85	3,49	1,04	0,263	89,7	13,8	3,20	15,3	3,86	1,32	95,2	3,30	9,78	1,06	25	13	55	30
8			11,5	8,99	3,59	1,13	0,258	116	18,0	3,18	19,5	5,04	1,31	123	3,28	12,6	1,05	25	13	55	30
10			14,1	11,1	3,67	1,20	0,252	141	22,2	3,16	23,4	6,17	1,29	149	3,25	15,5	1,04	25	13**)	55	30
100 x 65 x 7	10	5	11,2	8,77	3,23	1,51	0,419	113	16,6	3,17	37,6	7,54	1,84	128	3,39	21,6	1,39	25	21	55	35
9			14,2	11,1	3,32	1,59	0,415	141	21,0	3,15	46,7	9,52	1,82	160	3,36	27,2	1,39	25	21/17	55	35
11			17,1	13,4	3,40	1,67	0,410	167	25,3	3,13	55,1	11,4	1,80	190	3,34	32,6	1,38	25	21/17*	55	35/37

Lochabstände in ungleichschenkligen Winkelstählen: DIN 998, Ausgabe Oktober 1970.
(Für 2 mm Lochspiel s. „Stahl im Hochbau“, 14. Aufl., Band I, Teil 1, S. 58/59; die Werte sind **nicht** genormt).
*) Bei mehreren Werten von d_2 oder w_3 siehe Seite 3.
**) Genormte Schrauben für HV-Verbindungen sind hier nicht anwendbar.

Kurzzeichen L (Maße in mm: a x b x s)	r_1	r_2	A cm^2	G kg/m	Lage der Achsen, Abstände: e_y cm	e_z cm	Achse ζ-ζ: tan α	y-y: I_y cm^4	W_y cm^3	i_y cm	z-z: I_z cm^4	W_z cm^3	i_z cm	η-η: I_η cm^4	i_η cm	ζ-ζ: I_ζ cm^4	i_ζ cm	Schenkellöcher nach DIN 997 Ausg. Oktober 1970*): d_1 mm	d_2 mm	w_1 mm	w_2 mm	w_3 mm
			A		e_x	e_y		I_x	W_x	i_x	I_y	W_y	i_y	I_ξ	i_ξ	I_η	i_η					
100 x 75 x 7			11,9	9,32	3,06	1,83	0,553	118	17,0	3,15	56,9	10,0	2,19	145	3,49	30,1	1,59	25	23	55	–	40
9	10	5	15,1	11,8	3,15	1,91	0,549	148	21,5	3,13	71,0	12,7	2,17	181	3,47	37,8	1,59	25	23	55	–	40
11			18,2	14,3	3,23	1,99	0,545	176	25,9	3,11	84,0	15,3	2,15	214	3,44	45,4	1,58	25	23/21	55	–	40
120 x 80 x 8			15,5	12,2	3,83	1,87	0,441	226	27,6	3,82	80,8	13,2	2,29	261	4,10	45,8	1,72	25	23	50	80	45
10	11	5,5	19,1	15,0	3,92	1,95	0,438	276	34,1	3,80	98,1	16,2	2,27	318	4,07	56,1	1,71	25	23	50	80	45
12			22,7	17,8	4,00	2,03	0,433	323	40,4	3,77	114	19,1	2,25	371	4,04	66,1	1,71	25	23	50	80	45
130 x 65 x 8			15,1	11,9	4,56	1,37	0,263	263	31,1	4,17	44,8	8,72	1,72	280	4,31	28,6	1,38	25	21/17	50	90	35
10	11	5,5	18,6	14,6	4,65	1,45	0,259	321	38,4	4,15	54,2	10,7	1,71	340	4,27	35,0	1,37	25	21/17▪	50	90	35/36
12			22,1	17,3	4,74	1,53	0,255	376	45,5	4,12	63,0	12,7	1,69	397	4,24	41,2	1,37	25	21/17▪	50	90	35/38
130 x 90 x 12	12	6	25,1	19,7	4,24	2,26	0,468	420	48,0	4,09	165	24,4	2,56	492	4,43	92,6	1,92	25	25	50	90	50
150 x 75 x 9	10,5	5,5	19,5	15,3	5,28	1,57	0,265	455	46,8	4,83	78,3	13,2	2,00	484	4,98	50,0	1,60	28	23	60	105	40
11			23,6	18,6	5,37	1,65	0,261	545	56,6	4,80	93,0	15,9	1,98	578	4,95	59,8	1,59	28	23/21	60	105	40
150 x 100 x 10			24,2	19,0	4,80	2,34	0,442	552	54,1	4,78	198	25,8	2,86	637	5,13	112	2,15	28	25	60	105	55
12	13	6,5	28,7	22,6	4,89	2,42	0,439	650	64,2	4,76	232	30,6	2,84	749	5,10	132	2,15	28	25	60	105	55
14			33,2	26,1	4,97	2,50	0,435	744	74,1	4,73	264	35,2	2,82	856	5,07	152	2,14	28	25	60	105	55
160 x 80 x 12	13	6,5	27,5	21,6	5,72	1,77	0,259	720	70,0	5,11	122	19,6	2,10	763	5,26	78,9	1,69	28	23	60	115	45
180 x 90 x 10	14	7	26,2	20,6	6,28	1,85	0,262	880	75,1	5,80	151	21,2	2,40	934	5,97	97,4	1,93	28	25	60	135	50
12			31,2	24,5	6,37	1,93	0,261	1040	89,3	5,77	177	25,1	2,38	1100	5,94	114	1,92	28	25	60	135	50
200 x 100 x 10			29,2	23,0	6,93	2,01	0,266	1220	93,2	6,46	210	26,3	2,68	1300	6,66	133	2,14	28	25	65	150	55
12	15	7,5	34,8	27,3	7,03	2,10	0,264	1440	111	6,43	247	31,3	2,67	1530	6,63	158	2,13	28	25	65	150	55
14			40,3	31,6	7,12	2,18	0,262	1650	128	6,41	282	36,1	2,65	1760	6,60	181	2,12	28	25	65	150	55
Ungleichschenkliger rundkantiger Winkelstahl (warmgewalzt), nicht genormt																						
120 x 80 x 14	11	5,5	26,2	20,5	4,08	2,10	0,429	368	46,4	3,75	130	22,0	2,23	421	4,01	75,8	1,70	25	23	50	80	45
200 x 100 x 16	15	7,5	45,7	35,9	7,20	2,36	0,259	1860	145	6,38	316	40,8	2,63	1970	6,57	204	2,11	28	25	65	150	55
250 x 90 x 10			33,2	26,1	9,45	1,56	0,154	2170	140	8,08	161	21,7	2,20	2220	8,17	112	1,84	28	25	70	200	50
12	15	7,5	39,6	31,1	9,55	1,65	0,153	2570	166	8,05	189	25,8	2,19	2630	8,14	132	1,83	28	25	70	200	50
14			45,9	36,0	9,65	1,73	0,152	2960	192	8,03	216	29,7	2,17	3020	8,11	152	1,82	28	25	70	200	50
16			52,1	40,9	9,74	1,81	0,150	3330	218	8,00	342	33,6	2,15	3400	8,08	171	1,81	28	25	70	200	50

*) Bei mehreren Werten für d_2 oder w_3 siehe Seite 3.

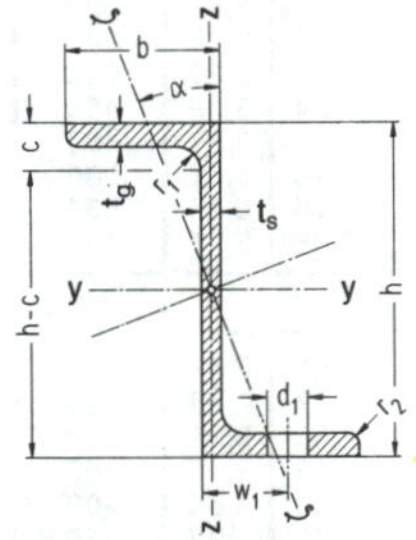

⅂-Stahl

Normallängen 6 bis 12 m

Mantelfläche U siehe Seite 40

I_T und C siehe Seite 33

Benennungen in DIN 1027

h	b	t_s	$t_g = r_1$	r_2	c	A cm^2	G kg/m	Lage der Achse ζ-ζ: tan α	y-y: I_y cm^4	W_y cm^3	i_y cm	z-z: I_z cm^4	W_z cm^3	i_z cm	η-η: I_η cm^4	W_η cm^3	i_η cm	ζ-ζ: I_ζ cm^4	W_ζ cm^3	i_ζ cm	Flanschenlöcher nach DIN 997 Ausg. Okt. 1970: d_1 mm	w_1 mm
		s	t			F			J_x	W_x	i_x	J_y	W_y	i_y	I_ξ	W_ξ	i_ξ	J_η	W_η	i_η		
⅂	**Rundkantiger ⅂ Stahl** (warmgewalzt) **nach DIN 1027, Ausgabe Oktober 1963 x**																					
30	38	4	4,5	2,5	9	4,32	3,39	1,655	5,96	3,97	1,17	13,7	3,80	1,78	18,1	4,69	2,04	1,54	1,11	0,60	11	20
40	40	4,5	5	2,5	10	5,43	4,26	1,181	13,5	6,75	1,58	17,6	4,66	1,80	28,0	6,72	2,27	3,05	1,83	0,75	11	22
50	43	5	5,5	3	11	6,77	5,31	0,939	26,3	10,5	1,97	23,8	5,88	1,88	44,9	9,76	2,57	5,23	2,76	0,88	11	25
60	45	5	6	3	12	7,91	6,21	0,779	44,7	14,9	2,38	30,1	7,09	1,95	67,2	13,5	2,81	7,60	3,73	0,98	13	25
80	50	6	7	3,5	14	11,1	8,71	0,588	109	27,3	3,13	47,4	10,1	2,07	142	24,4	3,58	14,7	6,44	1,15	13	30
100	55	6,5	8	4	16	14,5	11,4	0,492	222	44,4	3,91	72,5	14,0	2,24	270	39,8	4,31	24,6	9,26	1,30	17	30
120	60	7	9	4,5	18	18,2	14,3	0,433	402	67,0	4,70	106	18,8	2,42	470	60,6	5,08	37,7	12,5	1,44	17	35
140	65	8	10	5	20	22,9	18,0	0,385	676	96,6	5,43	148	24,3	2,54	768	88,0	5,79	56,4	16,6	1,57	17	35
160	70	8,5	11	5,5	22	27,5	21,6	0,357	1060	132	6,20	204	31,0	2,72	1180	121	6,57	79,5	21,4	1,70	21/17	35

Halbierte I-Träger

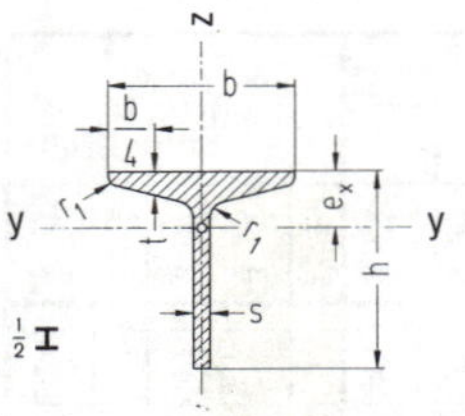

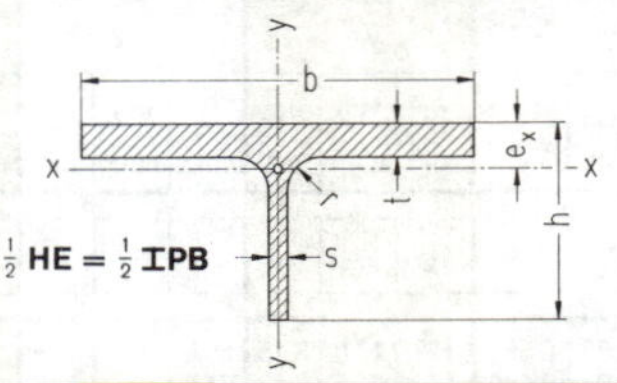

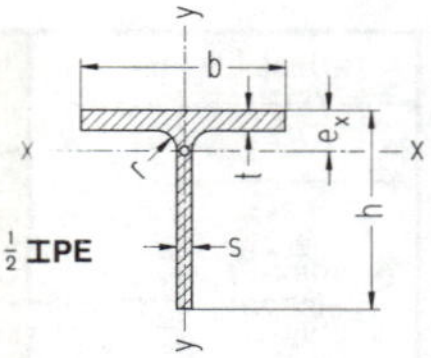

e_y = *Abstand der Schwerachse y-y*

Benennungen in DIN 1025

Kurz-zeichen	Maße für							Für die Biegeachsen						e_y	Kurz-zeichen
	h	b	t_s	t_g	r	A	G	y-y			z-z				
								I_y	W_y	i_y	I_z	W_z	i_z		
	mm	mm	mm	mm	mm	cm²	kg/m	cm⁴	cm³	cm	cm⁴	cm³	cm	cm	
			s	t		F		J_x	W_x	i_x	J_y	W_y	i_y		
½ I	**Halbierte schmale I-Träger, nach DIN 1025, Teil 1**														½ I
300	150	125	10,8	16,2	10,8	34,5	27,1	691	62,6	4,47	225	36,0	2,56	3,96	**300**
320	160	131	11,5	17,3	11,5	38,9	30,5	888	75,7	4,78	277	42,3	2,67	4,26	**320**
340	170	137	12,2	18,3	12,2	43,3	34,0	1130	90,6	5,10	336	49,1	2,80	4,56	**340**
360	180	143	13,0	19,5	13,0	48,5	38,1	1420	108	5,40	408	57,1	2,90	4,88	**360**
400	200	155	14,4	21,6	14,4	58,9	46,2	2140	147	6,02	578	74,6	3,13	5,46	**400**
450	225	170	16,2	24,3	16,2	73,4	57,6	3400	209	6,80	861	101	3,43	6,21	**450**
500	250	185	18,0	27,0	18,0	89,7	70,4	5150	286	7,58	1240	134	3,72	6,96	**500**
½ IPE	**Halbierte mittelbreite I-Träger, nach DIN 1025, Teil 5**														½ IPE
300	150	150	7,1	10,7	15	26,9	21,1	509	43,6	4,35	302	40,3	3,35	3,22	**300**
330	165	160	7,5	11,5	18	31,3	24,6	717	55,8	4,78	394	49,3	3,55	3,65	**330**
360	180	170	8,0	12,7	18	36,4	28,5	992	70,8	5,22	521	61,3	3,79	3,99	**360**
400	200	180	8,6	13,5	21	42,2	33,2	1450	93,7	5,86	659	73,4	3,95	4,52	**400**
450	225	190	9,4	14,6	21	49,4	38,8	2220	129	6,70	838	88,4	4,12	5,28	**450**
500	250	200	10,2	16,0	21	57,8	45,3	3260	172	7,52	1070	107	4,31	6,01	**500**
550	275	210	11,1	17,2	24	67,2	52,8	4670	225	8,33	1330	127	4,45	6,77	**550**
600	300	220	12,0	19,0	24	78,0	61,2	6500	288	9,13	1690	154	4,66	7,48	**600**
½ HE-A	**Halbierte breite I-Träger HE-A = IPBl, leichte Ausführung, nach DIN 1025, Teil 3**														½ HE-A
300	145	300	8,5	14	27	56,3	44,2	630	51,2	3,35	3150	210	7,49	2,21	**300**
320	155	300	9	15,5	27	62,2	48,8	808	61,7	3,60	3490	233	7,49	2,41	**320**
340	165	300	9,5	16,5	27	66,7	52,4	1020	73,5	3,91	3720	248	7,46	2,64	**340**
360	175	300	10	17,5	27	71,4	56,0	1270	86,7	4,22	3940	263	7,43	2,87	**360**
400	195	300	11	19	27	79,5	62,4	1900	118	4,88	4280	285	7,34	3,39	**400**
450	220	300	11,5	21	27	89,0	69,9	2820	156	5,62	4730	316	7,29	3,94	**450**
500	245	300	12	23	27	98,8	77,5	4020	201	6,38	5180	346	7,24	4,51	**500**
550	270	300	12,5	24	27	106	83,1	5530	253	7,23	5410	361	7,15	5,17	**550**
600	295	300	13	25	27	113	88,9	7400	313	8,08	5640	376	7,05	5,87	**600**
½ HE-B	**Halbierte breite I-Träger HE-B = IPB, nach DIN 1025, Teil 2**														½ HE-B
300	150	300	11	19	27	74,5	58,5	871	69,5	3,42	4280	285	7,58	2,47	**300**
320	160	300	11,5	20,5	27	80,7	63,3	1100	82,3	3,69	4620	308	7,57	2,68	**320**
340	170	300	12	21,5	27	85,4	67,1	1360	96,7	3,99	4840	323	7,53	2,91	**340**
360	180	300	12,5	22,5	27	90,3	70,9	1670	113	4,30	5070	338	7,49	3,15	**360**
400	200	300	13,5	24	27	98,9	77,6	2440	149	4,96	5410	361	7,40	3,66	**400**
450	225	300	14	26	27	109	85,6	3570	195	5,72	5860	391	7,33	4,23	**450**
500	250	300	14,5	28	27	119	93,7	5020	249	6,49	6310	421	7,27	4,82	**500**
550	275	300	15	29	27	127	99,7	6830	310	7,33	6540	436	7,17	5,49	**550**
600	300	300	15,5	30	27	135	106	9060	381	8,19	6760	451	7,08	6,20	**600**
½ HE-M	**Halbierte breite I-Träger HE-M = IPBv, verstärkte Ausführung, nach DIN 1025, Teil 4**														½ HE-M
300	170	310	21	39	27	152	119	2170	161	3,78	9700	626	8,00	3,55	**300**
320/305	160	305	16	29	27	113	88,3	1450	111	3,59	6870	450	7,81	3,00	**320/305**
320	179,5	309	21	40	27	156	122	2550	179	4,04	9850	638	7,95	3,74	**320**
340	188,5	309	21	40	27	158	124	2950	198	4,32	9850	638	7,90	3,91	**340**
360	197,5	308	21	40	27	159	125	3390	217	4,61	9760	637	7,83	4,10	**360**
400	216	307	21	40	27	163	128	4430	259	5,22	9670	630	7,70	4,50	**400**
450	239	307	21	40	27	168	132	6000	318	5,98	9670	630	7,59	5,03	**450**
500	262	306	21	40	27	172	135	7880	382	6,76	9580	626	7,46	5,59	**500**
550	286	306	21	40	27	177	139	10210	456	7,59	9580	626	7,35	6,22	**550**
600	310	305	21	40	27	182	143	12920	536	8,43	9490	622	7,22	6,88	**600**

Alle I-Träger der Seiten 5 bis 11 sind vom Walzwerk halbiert lieferbar.
Angaben zu weiteren halbierten I-Trägern, insbesondere auch zu halbierten IPE_O- und IPE_V-Trägern, s. „Stahl im Hochbau", 14. Aufl., Band I, Teil 1, S. 312/313; Angaben zu kombinierten Stützen-Profilen aus einem ganzen und einem halbierten I-Träger, wie zuvor, S. 271/277.

Asymmetrische ⌶-Profile

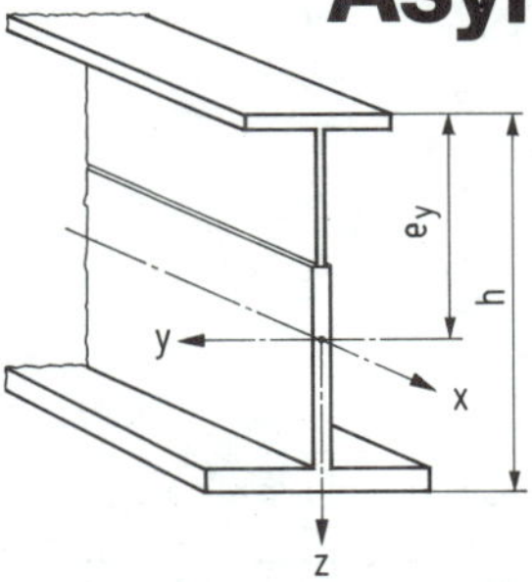

Asymmetrische ⌶-Profile können aus unterschiedlichen halbierten ⌶PE- und HE-Walzträgern, mit durchgehender Stegschweißnaht verbunden, hergestellt werden. Durch Anordnung des leichteren Profils im oberen Teil des Gesamtprofils sinkt die Schwerachse in die untere Hälfte des Gesamtprofils und begünstigt damit die Konstruktion von Verbundträgern.

e_y = Schwerpunktabstand von der Oberkante in cm

W_{yo} = Widerstandsmoment zur Berechnung der Randspannung oben in cm^3

W_{yu} = Widerstandsmoment zur Berechnung der Randspannung unten in cm^3

Die Tabelle enthält einige der zahlreichen Kombinationsmöglichkeiten.

Asymmetrische ⌶-Profile aus halbierten ⌶PE, HE-A und HE-B

Profil 1	Profil 2	h	A	G	U	e_y	Für die Biegeachsen y-y				z-z			I_T	C
⊤	⊥						I_y	W_{yo}	W_{yu}	i_y	I_z	W_z	i_z		
		mm	cm^2	kg/m	m^2/m	cm	cm^4	cm^3	cm^3	cm	cm^4	cm^3	cm	cm^4	cm^6
IPE 300	**HEA 300**	295	83.2	65.3	1.44	19.5	11 600	594	1 160	11,8	3 460	230	6.45	52.6	219 500
IPE 300	**HEB 300**	300	101	79.6	1.45	21.1	12 970	614	1 460	11,3	4 580	306	6.72	103	228 600
IPE 300	**HEA 400**	345	106	83.5	1.54	24.1	17 930	744	1 720	13.0	4 580	306	6.56	105	306 400
IPE 300	**HEB 400**	350	126	98,7	1.55	25.3	19 550	771	2 030	12.5	5 710	381	6.74	188	315 400
IPE 300	**HEA 450**	370	116	91.0	1.59	26.2	21 600	826	1 990	13.7	5 030	336	6.59	132	354 800
IPE 300	**HEB 450**	375	136	107	1.60	27.3	23 430	857	2 310	13.1	6 160	411	6.73	230	364 100
IPE 300	**HEA 500**	395	126	98.7	1.64	28.2	25 730	912	2 280	14.3	5 490	366	6.61	165	406 700
IPE 300	**HEB 500**	400	146	115	1.65	29.3	27 800	949	2 600	13.8	6 610	441	6.73	279	416 200
IPE 300	**HEA 550**	420	133	104	1.69	30.0	30 120	1 000	2 520	15.1	5 710	381	6.56	186	462 100
IPE 300	**HEB 550**	425	154	121	1.70	31.1	32 530	1 050	2 860	14.5	6 840	456	6.67	310	472 200
IPE 300	**HEA 600**	445	140	110	1.74	31.8	35 000	1 100	2 770	15.8	5 940	396	6.51	209	521 200
IPE 300	**HEB 600**	450	162	127	1.75	32.9	37 810	1 150	3 130	15.3	7 070	471	6.61	344	531 800
IPE 400	**HEA 300**	345	98.5	77.3	1.59	20.4	20 680	1 010	1 470	14.5	3 810	254	6.22	68.1	595 800
IPE 400	**HEB 300**	350	117	91.7	1.60	22.4	23 470	1 050	1 860	14.2	4 940	329	6.50	118	633 600
IPE 400	**HEA 400**	395	122	95.6	1.69	25.2	30 870	1 230	2 150	15.9	4 940	329	6.37	120	816 000
IPE 400	**HEB 400**	400	141	111	1.70	26.8	33 840	1 260	2 570	15.5	6 070	405	6.56	203	850 300
IPE 400	**HEA 450**	420	131	103	1.74	27.3	36 490	1 340	2 480	16.7	5 390	359	6.41	147	934 500
IPE 400	**HEB 450**	425	151	119	1.75	28.8	39 680	1 380	2 910	16.2	6 520	435	6.57	246	968 800
IPE 400	**HEA 500**	445	141	111	1.79	29.4	42 680	1 450	2 820	17.4	5 840	389	6.44	180	1 060 000
IPE 400	**HEB 500**	450	162	127	1.80	30.9	46 110	1 490	3 260	16.9	6 970	465	6.57	295	1 095 000
IPE 400	**HEA 550**	470	148	116	1.84	31.2	48 990	1 570	3 100	18.2	6 070	405	6.40	201	1 191 000
IPE 400	**HEB 550**	475	169	133	1.85	32.7	52 810	1 620	3 560	17.7	7 200	480	6.52	326	1 227 000
IPE 400	**HEA 600**	495	155	122	1.89	33.0	55 880	1 690	3 390	19.0	6 290	420	6.36	224	1 330 000
IPE 400	**HEB 600**	500	177	139	1.90	34.4	60 130	1 750	3 860	18.4	7 420	495	6.47	359	1 368 000
IPE 500	**HEA 300**	395	114	89.5	1.73	21.4	31 790	1 480	1 760	16.7	4 230	282	6.09	87.2	1 151 000
IPE 500	**HEB 300**	400	132	104	1.74	23.8	36 480	1 530	2 250	16.6	5 350	357	6.36	137	1 249 000
IPE 500	**HEA 400**	445	137	108	1.83	26.3	46 390	1 760	2 550	18.4	5 350	357	6.24	139	1 560 000
IPE 500	**HEB 400**	450	157	123	1.84	28.3	51 220	1 810	3 070	18.1	6 480	432	6.43	223	1 647 000
IPE 500	**HEA 450**	470	147	115	1.88	28.5	54 180	1 900	2 930	19.2	5 800	387	6.29	167	1 774 000
IPE 500	**HEA 450**	475	167	131	1.89	30.4	59 250	1 950	3 460	18.8	6 930	462	6.45	265	1 860 000
IPE 500	**HEA 500**	495	157	123	1.93	30.6	62 670	2 050	3 320	20.0	6 250	417	6.32	199	2 000 000
IPE 500	**HEB 500**	500	177	139	1.94	32.4	67 990	2 100	3 860	19.6	7 380	492	6.46	314	2 084 000
IPE 500	**HEA 550**	520	164	128	1.98	32.4	71 060	2 190	3 630	20.8	6 480	432	6.29	220	2 227 000
IPE 500	**HEB 550**	525	185	145	1.99	34.2	76 840	2 250	4 200	20.4	7 610	507	6.42	345	2 315 000
IPE 500	**HEA 600**	545	171	134	2.03	34.2	80 140	2 340	3 950	21.6	6 710	447	6.26	244	2 467 000
IPE 500	**HEB 600**	550	193	151	2.04	36.0	86 400	2 400	4 540	21.2	7 840	522	6.38	378	2 558 000
IPE 600	**HEA 300**	445	134	105	1.87	22.1	46 730	2 120	2 080	18.7	4 850	323	6.01	125	2 016 000
IPE 600	**HEB 300**	450	153	120	1.87	24.6	54 200	2 200	2 660	18.8	5 980	398	6.26	175	2 246 000
IPE 600	**HEA 400**	495	157	124	1.96	27.0	67 140	2 490	2 980	20.6	5 980	398	6.16	177	2 740 000
IPE 600	**HEB 400**	500	177	139	1.97	29.2	74 770	2 560	3 600	20.6	7 100	474	6.34	261	2 942 000
IPE 600	**HEA 450**	520	167	131	2.01	29.1	77 770	2 670	3 400	21.6	6 430	428	6.20	205	3 106 000
IPE 600	**HEB 450**	525	187	147	2.02	31.3	85 690	2 740	4 030	21.4	7 550	504	6.36	303	3 305 000
IPE 600	**HEA 500**	545	177	139	2.06	31.2	89 260	2 860	3 840	22.5	6 880	458	6.24	237	3 492 000
IPE 600	**HEB 500**	550	197	155	2.07	33.3	97 480	2 930	4 490	22.2	8 010	534	6.37	352	3 687 000
IPE 600	**HEA 550**	570	184	144	2.11	33.0	100 300	3 040	4 180	23.4	7 100	474	6.22	258	3 865 000
IPE 600	**HEB 550**	575	205	161	2.12	35.1	109 100	3 110	4 860	23.1	8 230	549	6.34	383	4 068 000
IPE 600	**HEA 600**	595	191	150	2.16	34.8	112 200	3 220	4 540	24.2	7 330	489	6.19	282	4 259 000
IPE 600	**HEB 600**	600	213	167	2.17	36.8	121 600	3 300	5 250	23.9	8 460	564	6.30	416	4 468 000

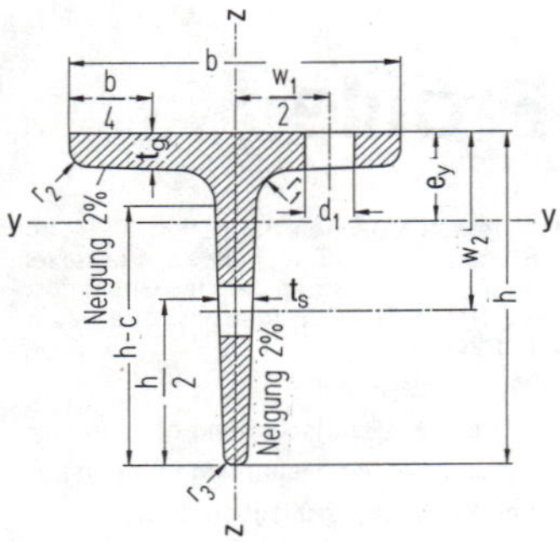

T-Stahl

Normallängen 6 bis 12 m

b : h
1 : 1

b : h
2 : 1

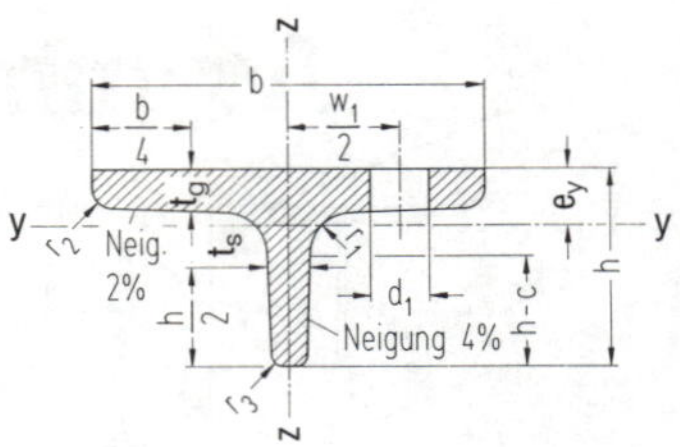

e_y = *Abstand der Schwerachse y-y*

Benennungen in DIN 1024, 59051, 1022

Mantelfläche U siehe Seite 40

Kurzzeichen	Maße für							A	G	e_y	Für die Biegeachsen						Für die Löcher nach DIN 997 Ausg. Okt. 1970		
											y-y			z-z					
	h	b	$t_s = t_g = r_1$	r_2	r_3	c	h-c				I_y	W_y	i_y	I_z	W_z	i_z	d_1	w_1	w_2
	mm	mm	mm	mm	mm	mm	mm	cm²	kg/m	cm	cm⁴	cm³	cm	cm⁴	cm³	cm	mm	mm	mm
			s = t					F			J_x	W_x	i_x	J_y	W_y	i_y			
T	**Rundkantiger hochstegiger T-Stahl** (warmgewalzt), **nach DIN 1024, Ausgabe März 1982**																		
20	20	20	3	1,5	1	7	13	1,12	0,88	0,58	0,38	0,27	0,58	0,20	0,20	0,42	3,2	–	–
25	25	25	3,5	2	1	8	17	1,64	1,29	0,73	0,87	0,49	0,73	0,43	0,34	0,51	3,2	15	14
30	30	30	4	2	1	9	21	2,26	1,77	0,85	1,72	0,80	0,87	0,87	0,58	0,62	4,3	17	17
35	35	35	4,5	2,5	1	10	25	2,97	2,33	0,99	3,10	1,23	1,04	1,57	0,90	0,73	4,3	19	19
40	40	40	5	2,5	1	11	29	3,77	2,96	1,12	5,28	1,84	1,18	2,58	1,29	0,83	6,4	21	22
45	45	45	5,5	3	1,5	12	33	4,67	3,67	1,26	8,13	2,51	1,32	4,01	1,78	0,93	6,4	24	25
50	50	50	6	3	1,5	13	37	5,66	4,44	1,39	12,1	3,36	1,46	6,06	2,42	1,03	6,4	30	30
60	60	60	7	3,5	2	15	45	7,94	6,23	1,66	23,8	5,48	1,73	12,2	4,07	1,24	8,4	34	35
70	70	70	8	4	2	17	53	10,6	8,32	1,94	44,4	8,79	2,05	22,1	6,32	1,44	11	38	40
80	80	80	9	4,5	2	19	61	13,6	10,7	2,22	73,7	12,8	2,33	37,0	9,25	1,65	11	45	45
90	90	90	10	5	2,5	21	69	17,1	13,4	2,48	119	18,2	2,64	58,5	13,0	1,85	13	50	50
100	100	100	11	5,5	3	23	77	20,9	16,4	2,74	179	24,6	2,92	88,3	17,7	2,05	13	60	60
120	120	120	13	6,5	3	27	93	29,6	23,2	3,28	366	42,0	3,51	178	29,7	2,45	17	70	70
140	140	140	15	7,5	4	31	109	39,9	31,3	3,80	660	64,7	4,07	330	47,2	2,88	21	80	75
TB	**Rundkantiger breitfüßiger T-Stahl** (warmgewalzt), **nach DIN 1024, Ausgabe März 1982**																		
30	30	60	5,5	3	1,5	11	19	4,64	3,64	0,67	2,58	1,11	0,75	8,62	2,87	1,36	8,4	34	–
35	35	70	6	3	1,5	12	23	5,94	4,66	0,77	4,49	1,65	0,87	15,1	4,31	1,59	11	37	–
40	40	80	7	3,5	2	14	26	7,91	6,21	0,88	7,81	2,50	0,99	28,5	7,13	1,90	11	45	–
50	50	100	8,5	4,5	2	17	33	12,0	9,42	1,09	18,7	4,78	1,25	67,7	13,5	2,38	13	55	–
60	60	120	10	5	2,5	20	40	17,0	13,4	1,30	38,0	8,09	1,49	137	22,8	2,84	17	65	–

Scharfkantiger T- u. L-Stahl

(warmgewalzt) Normallängen 6 bis 12 m

Kurzzeichen	h = b	$t_s = t_g$	A	G	W_y	W_z
	mm	mm	cm²	kg/m	cm³	cm³
		s = t	F		W_x	W_y
TPS	**Scharfkantiger T-Stahl** m. parallelen Flansch- u. Stegseiten nach DIN 59051, Ausgabe Aug. 1981					
20	20	3	1,11	0,871	0,29	0,20
25	25	3,5	1,63	1,28	0,53	0,37
30	30	4	2,24	1,76	0,88	0,61
35	35	4,5	2,95	2,31	1,36	0,93
40	40	5	3,75	2,94	1,97	1,35

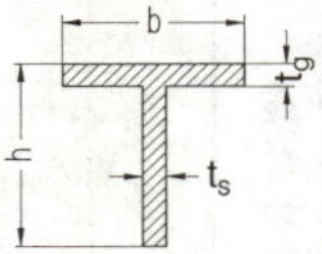

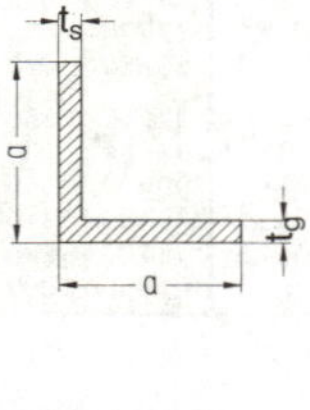

Kurzzeichen	a	t_s	A	G	$W_y = W_z$
	mm	mm	cm²	kg/m	cm³
		s	F		$W_x = W_y$
LS	**Gleichsch. scharfk. L-Stahl** nach DIN 1022, Ausg. Okt. 1963				
20x3	20	3	1,11	0,871	0,28
4	20	4	1,44	1,13	0,37
25x3	25	3	1,41	1,11	0,47
4	25	4	1,84	1,44	0,60
30x3	30	3	1,71	1,34	0,68
4	30	4	2,24	1,76	0,88
35x4	35	4	2,64	2,07	1,22
40x4	40	4	3,04	2,39	1,62
5	40	5	3,75	2,94	1,97
45x5	45	5	4,25	3,34	2,53
50x5	50	5	4,75	3,73	3,15

Kranschienen

Normallängen 9 bis 12 m

Form A

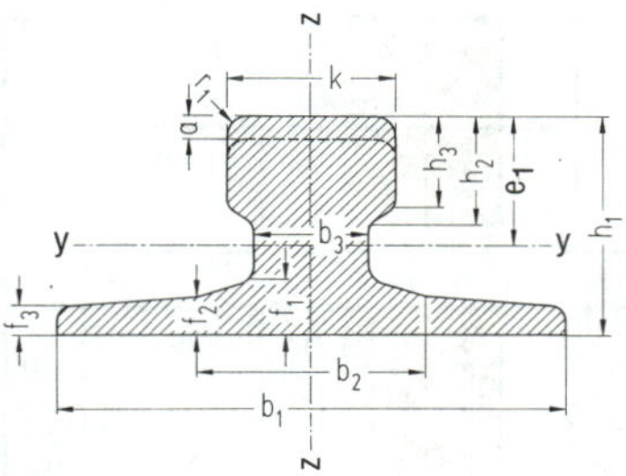

Form F

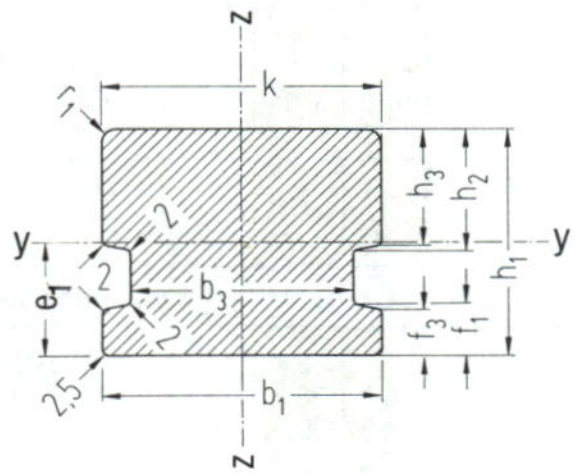

Form Q und R

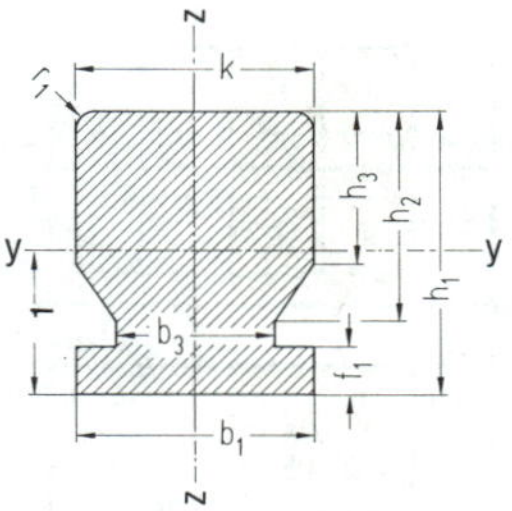

Mantelfläche U siehe Seite 40

Frühere Benennungen

Kurz-zei-chen	Maße für											A *)	G	e_1	Flächenmomente 2. Grades			Statische Momente	
	k mm	b_1 mm	b_2 mm	b_3 mm	f_1 mm	f_2 mm	f_3 mm	h_1 mm	h_2 mm	h_3 mm	r_1 mm	cm²	kg/m	cm	I_x cm⁴	I_y cm⁴	I_z cm⁴	$\bar{S}_y$ cm³	$\bar{S}_z$ cm³
												F		e_x					
A	**Kranschienen mit Fußflansch Form A, für allgemeine Verwendung;** (warmgewalzt), **nach DIN 536 Teil 1, Ausgabe 1991, volle (neue) Schienen**																		
45	45	125	54	24	14,5	11	8	55±1	24	20	4	28,2	22,1	3,33	39	90	170	22,88	26,12
55	55	150	66	31	17,5	12,5	9	65±1	28,5	25	5	40,5	31,8	3,90	88	178	337	38,45	48,64
65	65	175	78	38	20	14	10	75±1	34	30	6	54,9	43,1	4,47	173	319	606	60,18	69,22
75	75	200	90	45	22	15,4	11	85±1	39,5	35	8	71,6	56,2	5,04	311	531	1011	88,41	102,09
100	100	200	100	60	23	16,5	12	95±1,5	45,5	40	10	94,7	74,3	5,29	666	856	1345	128,78	141,58
120	120	220	120	72	30	20	14	105±1,5	55,5	47,5	10	127,4	100,0	5,79	1302	1361	2350	187,23	222,35
150	150	220	–	80	31,5	–	14	150±1,5	64,5	50	10	191,4	150,3	7,73	2928	4373	3605	412,00	342,60
A	**Kranschienen nach DIN 536 Teil 1, Ausgabe Dezember 1974, mit Schienenkopfabnutzung** *a* **bis zu rd. 25 % von** *h*3														I_y cm⁴	W_y cm⁴	I_z cm⁴	W_z cm³	I_T **) cm⁴
45	45	125	54	24	14,5	11	8	50±1	19	15	4	26,1	20,5	3,07	68,1	22,1	165	26,4	49,8
55	55	150	66	31	17,5	12,5	9	59±1	22,5	19	5	37,4	29,4	3,60	136	37,8	328	43,7	105
65	65	175	78	38	20	14	10	68±1	27	23	6	50,9	40,0	4,11	244	59,4	593	67,8	200
75	75	200	90	45	22	15,4	11	77±1	31,5	27	8	66,1	51,9	4,62	406	88,0	985	98,5	343
100	100	200	100	60	23	16,5	12	85±1,5	35,5	30	10	85,6	76,2	4,76	642	135	1270	127	702
120	120	220	120	72	30	20	14	93±1,5	43,5	35,5	10	115	90,3	5,15	992	193	2190	199	1374
F	**Kranschienen Form F (flach)** (warmgewalzt), **nach DIN 536 Teil 2, Ausgabe Dezember 1974**																		
100	100	100	–	70	18	–	17	80	42	41	5	73,2	57,5	4,09	414	101	541	108	733
120	120	120	–	90	18	–	17	80	42	41	5	89,2	70,1	4,07	499	123	962	160	1057
Nichtgenormte Block-Kranschienen, quadratisch (Form Q) und rechteckig (Form R)																			
Q 120	120	120	–	80	17	–	–	120±1,5	91	51	10	131	103	6,24	1630	261	1360	227	2402
R 120	120	120	–	80	24	–	–	140±1,5	104	70	10	156	122	7,21	2620	364	1690	281	3351

*) DIN 536 (Ausgabe 1991) enthält die Schubflächen A_y und A_z.

**) Näherungswerte nach St. Venant

Werkstoff der Kranschienen:
Stahl mit einer Zugfestigkeit von mindestens 690 N/mm².
Die Profile A 75, A 100, A 120 und A 150 sind auch mit 880 N/mm² lieferbar.

Bezeichnung der Kranschienen nach DIN 536, Teil 1

Alt:	KS	22	32	43	56	75	101	–
Neu:	A	45	55	65	75	100	120	150

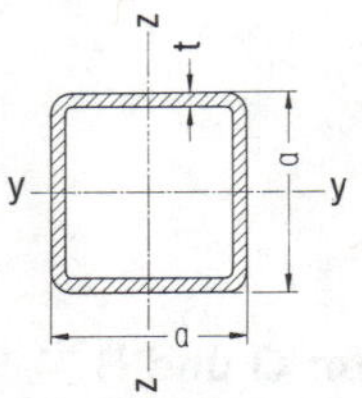

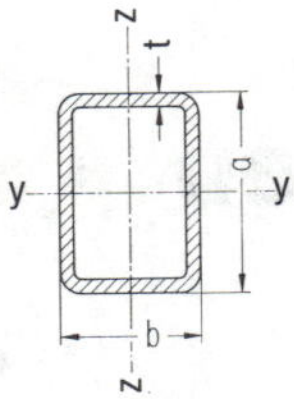

Rohr/Hohlprofile

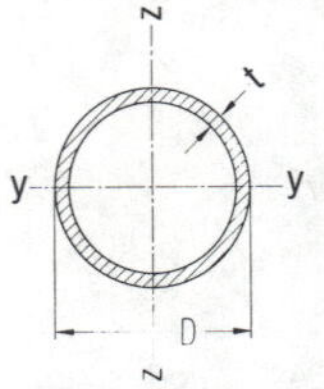

Frühere Benennungen

I_T *und* W_T siehe Seite 33

Mantelfläche U siehe Seite 40

Tabelle siehe Seite 22

a mm	*t* mm	*A* cm^2	*G* kg/m	*I* cm^4	*W* cm^3	*i* cm	*a* mm	*t* mm	*A* cm^2	*G* kg/m	*I* cm^4	*W* cm^3	*i* cm	*a* mm	*t* mm	*A* cm^2	*G* kg/m	*I* cm^4	*W* cm^3	*i* cm
	s	*F*		*J*				*s*	*F*		*J*				*s*	*F*		*J*		
Quadrat-Hohlprofile (warmgefertigt), **nach DIN 59410, Ausgabe Mai 1974**																				
40	2,9	4,23	3,32	9,66	4,83	1,51	**100**	5	18,8	14,7	281	56,3	3,87	**220**	6,3	52,8	41,5	3 980	362	8,68
	4	5,62	4,41	12,1	6,05	1,47		6,3	23,3	18,3	339	67,8	3,82		8	66,2	52,0	4 890	445	8,60
50	2,9	5,39	4,23	19,8	7,94	1,92	**120**	4,5	20,5	16,1	452	75,3	4,70		10	81,4	63,9	5 890	535	8,50
	4	7,22	5,67	25,4	10,1	1,87		5,6	25,1	19,7	544	90,6	4,65	**260**	7,1	70,5	55,4	7 450	573	10,3
60	2,9	6,55	5,14	35,5	11,8	2,33		6,3	28,0	22,0	598	99,7	4,62		8,8	86,4	67,8	8 980	691	10,2
	4	8,82	6,93	45,9	15,3	2,28	**140**	5,6	29,6	23,3	885	126	5,47		11	106	83,6	10 830	833	10,1
	5	10,8	8,47	54,1	18,0	2,24		7,1	37,0	29,0	1080	154	5,40	**280*)**	8	85,4	67,0	10 430	745	11,0
70	3,2	8,46	6,64	62,7	17,9	2,72		8,8	45,0	35,3	1280	182	5,33		10	105	82,8	12 650	903	11,0
	4	10,4	8,18	75,3	21,5	2,69	**160**	6,3	37,7	29,6	1460	183	6,23		12,5	130	102	15 220	1090	10,8
	5	12,8	10,0	89,6	25,6	2,65		8	47,0	36,9	1780	222	6,15	**320*)**	10	121	95,3	19 240	1200	12,6
80	3,6	10,9	8,55	106	26,4	3,11		10	57,4	45,1	2100	263	6,05		12,5	150	118	23 270	1450	12,5
	4,5	13,4	10,5	127	31,7	3,08	**180**	6,3	42,8	33,6	2120	236	7,05		16	188	148	28 430	1780	12,3
	5,6	16,4	12,9	151	37,6	3,03		8	53,4	41,9	2590	288	6,97	**360*)**	10	137	108	27 790	1540	14,2
90	3,6	12,3	9,68	153	34,0	3,52		10	65,4	51,4	3090	343	6,87		12,5	170	133	33 740	1870	14,1
	4,5	15,2	11,9	185	41,0	3,48	**200**	6,3	47,8	37,5	2960	296	7,86		16	214	168	41 450	2300	13,9
	5,6	18,6	14,6	220	49,0	3,44		8	59,8	46,9	3620	362	7,78	**400*)**	12,5	190	149	46 970	2350	15,7
100	4	15,2	12,0	233	46,6	3,91		10	73,4	57,6	4340	434	7,69		16	239	188	57 950	2900	15,6
															20	294	231	69 400	3470	15,4

a x b mm	*t* mm	*A* cm^2	*G* kg/m	I_y cm^4	W_y cm^3	i_y cm	I_z cm^4	W_z cm^3	i_z cm	*a x b* mm	*t* mm	*A* cm^2	*G* kg/m	I_y cm^4	W_y cm^3	i_y cm	I_z cm^4	W_z cm^3	i_z cm
	s	*F*		J_x	W_x	i_x	J_y	W_y	i_y		*s*	*F*		J_x	W_x	i_x	J_y	W_y	i_y
Rechteck-Hohlprofile (warmgefertigt), **nach DIN 59410, Ausgabe Mai 1974**																			
50 x 30	2,9	4,23	3,32	13,4	5,36	1,78	5,88	3,92	1,18	**200 x 120**	6,3	37,7	29,6	2010	201	7,30	910	152	4,91
	4	5,62	4,41	16,9	6,75	1,73	7,25	4,83	1,14		8	47,0	36,9	2440	244	7,21	1100	183	4,84
60 x 40	2,9	5,39	4,23	26,0	8,67	2,20	13,7	6,83	1,59		10	57,4	45,1	2890	289	7,10	1290	216	4,75
	4	7,22	5,67	33,3	11,1	2,15	17,3	8,65	1,55	**220 x 120**	6,3	40,2	31,6	2540	231	7,95	992	165	4,97
70 x 40	2,9	5,97	4,69	38,1	10,9	2,53	15,7	7,83	1,62		8	50,2	39,4	3100	281	7,85	1200	200	4,89
	4	8,02	6,30	49,2	14,1	2,48	19,9	9,95	1,58		10	61,4	48,2	3680	335	7,74	1410	236	4,80
80 x 40	2,9	6,55	5,14	53,1	13,3	2,85	17,7	8,83	1,64	**260 x 140**	6,3	47,8	37,5	4260	328	9,44	1630	233	5,85
	4	8,82	6,93	69,0	17,3	2,80	22,5	11,3	1,60		8	59,8	46,9	5220	402	9,35	1990	284	5,77
	5	10,8	8,47	81,7	20,4	2,75	26,2	13,1	1,56		10	73,4	57,6	6260	481	9,23	2370	339	5,68
90 x 50	3,2	8,46	6,64	89,7	19,9	3,26	35,5	14,2	2,05	**260 x 180**	6,3	52,8	41,5	5070	390	9,80	2880	320	7,39
	4	10,4	8,18	108	24,0	3,22	42,3	16,9	2,02		8	66,2	52,0	6240	480	9,71	3540	393	7,31
	5	12,8	10,0	129	28,7	3,18	49,9	19,9	1,98		10	81,4	63,9	7510	578	9,60	4240	472	7,22
100 x 50	3,6	10,2	7,98	129	25,8	3,56	42,9	17,2	2,05	**280 x 180*)**	7,1	62,0	48,7	6730	481	10,4	3410	379	7,42
	4,5	12,5	9,83	155	31,0	3,52	50,9	20,4	2,02		8,8	75,9	59,6	8100	578	10,3	4090	454	7,34
	5,6	15,3	12,0	184	36,8	3,47	59,4	23,8	1,97		11	93,2	73,2	9720	695	10,2	4890	543	7,24
100 x 60	3,6	10,9	8,55	146	29,1	3,66	65,2	21,7	2,45	**280 x 220*)**	8	75,8	59,5	8650	618	10,7	5970	543	8,88
	4,5	13,4	10,5	176	35,1	3,62	77,9	26,0	2,41		10	93,4	73,3	10460	747	10,6	7210	656	8,79
	5,6	16,4	12,9	209	41,8	3,57	91,8	30,6	2,37		12,5	115	90,1	12540	896	10,5	8620	784	8,67
120 x 60	4	13,5	10,6	247	41,1	4,27	82,7	27,6	2,47	**320 x 180*)**	8,8	82,9	65,1	11230	702	11,6	4600	511	7,45
	5	16,6	13,0	296	49,3	4,22	98,2	32,7	2,43		10	93,4	73,3	12510	782	11,6	5110	568	7,40
	6,3	20,5	16,1	354	59,0	4,16	116	38,6	2,38		12,5	115	90,0	14990	937	11,4	6090	677	7,29
140 x 80	4	16,7	13,1	438	62,5	5,12	183	45,7	3,31	**320 x 220*)**	8,8	89,9	70,6	12930	808	12,0	7270	661	8,99
	5	20,6	16,2	529	75,6	5,07	220	55,0	3,27		10	101	79,6	14430	902	11,9	8090	736	8,93
	6,3	25,5	20,0	639	91,3	5,01	263	65,8	3,21		12,5	125	97,9	17360	1080	11,8	9700	882	8,82
160 x 90	4,5	21,2	16,6	715	89,4	5,81	293	65,1	3,72	**360 x 220*)**	10	109	85,9	19210	1070	13,3	8980	816	9,06
	5,6	25,9	20,4	858	107	5,75	350	77,7	3,67		12,5	135	106	23170	1290	13,1	10780	980	8,94
	7,1	32,2	25,3	1030	129	5,67	418	92,9	3,60		16	169	132	28190	1570	12,9	13030	1180	8,79
180 x 100	5,6	29,3	23,0	1240	137	6,50	496	99,1	4,11	**400 x 260*)**	11	137	108	30330	1520	14,9	15610	1200	10,7
	7,1	36,4	28,6	1500	167	6,41	597	119	4,05		14,2	174	137	37610	1880	14,7	19280	1480	10,5
	8,8	44,2	34,7	1760	196	6,32	696	139	3,97		17,5	211	166	44440	2220	14,5	22680	1740	10,4

Herstell-Längen bis 16 m.

*) Die Lieferbarkeit ist beim Hersteller zu erfragen.

Quadrat-Hohlprofile (kaltgefertigt, geschweißt), **Auswahl *) aus DIN 59411, Ausgabe Juli 1978**

a mm	*t* mm	*A* cm^2	*G* kg/m	*I* cm^4	*W* cm^3	*i* cm
	s	*F*		*J*		
20	2	1,34	1,05	0,69	0,69	0,72
30	2	2,14	1,68	2,72	1,81	1,13
40	2	2,94	2,31	6,94	3,47	1,54
	3,2	4,45	3,49	9,72	4,86	1,48
	4	5,35	4,20	11,1	5,54	1,44
50	2	3,74	2,93	14,2	5,66	1,95
	3,2	5,73	4,50	20,4	8,16	1,89
	4	6,95	5,45	23,7	9,50	1,85
	5	8,14	6,38	25,7	10,3	1,77
60	2	4,54	3,56	25,2	8,38	2,35
	3,2	7,0	5,50	36,9	12,3	2,30
	4	8,55	6,71	43,6	14,5	2,26
	5	10,1	7,96	48,6	16,2	2,18
70	3,2	8,29	6,51	60,6	17,3	2,70
	4	10,1	7,97	72,1	20,6	2,67
	5	12,1	9,52	82,0	23,4	2,59
80	3,2	9,57	7,51	92,7	23,2	3,11
	4	11,8	9,22	111	27,8	3,07
	5	14,1	11,1	128	32,0	3,00
	6,3	17,2	13,5	149	37,1	2,94
90	3,2	10,9	8,51	135	29,9	3,52

a mm	*t* mm	*A* cm^2	*G* kg/m	*I* cm^4	*W* cm^3	*i* cm
	s	*F*		*J*		
90	4	13,4	10,5	162	36,0	3,48
	5	16,1	12,7	189	41,9	3,41
	6,3	19,7	15,5	221	49,1	3,35
100	4	15,0	11,7	226	45,3	3,89
	5	18,1	14,2	266	53,1	3,82
	6,3	22,3	17,5	314	62,8	3,76
120	4	18,2	14,3	402	67,1	4,71
	5	22,1	17,4	478	79,6	4,64
	6,3	27,3	21,4	572	95,3	4,58
	8	33,6	26,4	677	113	4,49
140	4	21,4	16,8	652	93,1	5,52
	5	26,1	20,5	780	111	5,46
	6,3	32,3	25,4	941	134	5,39
	8	40,0	31,4	1127	161	5,30
	10	47,7	37,5	1268	181	5,15
150	5	28,1	22,1	970	129	5,87
	6,3	34,9	27,4	1174	156	5,80
	8	43,2	33,9	1412	188	5,71
	10	51,7	40,6	1602	214	5,56
160	4	24,6	19,3	987	123	6,34
	5	30,1	23,7	1189	149	6,27

a mm	*t* mm	*A* cm^2	*G* kg/m	*I* cm^4	*W* cm^3	*i* cm
	s	*F*		*J*		
160	6,3	37,4	29,3	1 442	180	6,21
	8	46,4	36,5	1 741	218	6,12
	10	55,7	43,7	1 990	249	5,97
180	6,3	42,4	33,3	2 096	233	7,03
	8	52,8	41,5	2 546	283	6,94
	10	63,7	50,0	2 945	327	6,79
	12,5	77,0	60,5	3 406	379	6,65
200	6,3	47,5	37,3	2 922	292	7,85
	8	59,2	46,5	3 567	357	7,75
	10	71,7	56,3	4 162	416	7,61
	12,5	87,0	68,3	4 859	486	7,47
250	6,3	60,1	47,1	5 873	470	9,89
	8	75,2	59,1	7 229	578	9,80
	10	91,7	72,0	8 568	685	9,67
	12,5	112	88,0	10 160	813	9,52
300	8	91,2	71,6	12 800	853	11,8
	10	112	87,7	15 320	1021	11,7
	12,5	137	108	18 350	1223	11,6
350	8	107	84,2	20 680	1182	13,9
	10	132	103	24 920	1424	13,8
	12,5	162	127	30 040	1717	13,6

Rechteck-Hohlprofile (kaltgefertigt, geschweißt), **Auswahl *) aus DIN 59411, Ausgabe Juli 1978**

a x *b* mm	*t* mm	*A* cm^2	*G* kg/m	I_y cm^4	W_y cm^3	i_y cm	I_z cm^4	W_z cm^3	i_z cm
	s	*F*		J_x	W_x	i_x	J_y	W_y	i_y
40 x 20	2	2,14	1,68	4,05	2,03	1,38	1,34	1,34	0,79
	2,6	2,68	2,10	4,81	2,40	1,34	1,57	1,57	0,77
50 x 30	2	2,94	2,31	9,54	3,81	1,80	4,29	2,86	1,21
	3,2	4,45	3,49	13,4	5,35	1,73	5,93	3,95	1,15
	4	5,35	4,20	15,3	6,10	1,69	6,69	4,46	1,12
60 x 40	2	3,74	2,93	18,4	6,14	2,22	9,83	4,92	1,62
	3,2	5,73	4,50	26,6	8,87	2,15	14,1	7,03	1,57
	4	6,95	5,45	31,0	10,3	2,11	16,3	8,14	1,53
	5	8,14	6,39	33,4	11,1	2,03	17,6	8,79	1,47
80 x 40	2	4,54	3,56	37,4	9,34	2,87	12,7	6,36	1,67
	3,2	7,00	5,50	54,9	13,7	2,80	18,4	9,21	1,62
	4	8,55	6,71	64,8	16,2	2,75	21,5	10,7	1,59
	5	10,1	7,96	71,6	17,9	2,66	23,8	11,9	1,53
90 x 50	3,2	8,29	6,51	86,3	19,2	3,23	34,4	13,8	2,04
	4	10,2	7,97	103	22,8	3,18	40,7	16,3	2,00
	5	12,1	9,52	116	25,8	3,09	46,0	18,4	1,93
100 x 60	3,2	9,57	7,51	127	25,5	3,65	57,6	19,2	2,45
	4	11,8	9,22	153	30,5	3,60	68,7	22,9	2,42
	5	14,1	11,1	175	35,1	3,52	78,9	26,3	2,36
	6,3	17,2	13,5	203	40,7	3,44	90,9	30,3	2,30
110 x 70	3,2	10,9	8,51	179	32,6	4,06	89,2	25,5	2,88
	4	13,4	10,8	216	39,3	4,02	107	30,6	2,83
	5	16,1	12,7	251	45,6	3,94	124	35,5	2,77
120 x 60	3,2	10,9	8,51	200	33,3	4,29	67,9	22,7	2,50
	4	13,4	10,5	241	40,1	4,25	81,3	27,1	2,47
	5	16,1	12,7	279	46,5	4,15	94,1	31,3	2,41
	6,3	19,7	15,5	327	54,4	4,07	109	36,4	2,35
120 x 80	4	15,0	11,7	295	49,1	4,44	157	39,3	3,24
	5	18,1	14,2	345	57,6	4,36	184	46,1	3,18
	6,3	22,3	17,5	409	68,1	4,28	217	54,3	3,12
140 x 80	4	16,6	13,0	430	61,4	5,09	180	45,1	3,30
	5	20,1	15,8	506	72,4	5,01	212	53,1	3,24
	6,3	24,8	19,4	603	86,1	4,93	251	62,9	3,19
150 x 100	4	19,0	14,9	595	79,3	5,60	319	63,7	4,10
	5	23,1	18,2	707	94,3	5,52	379	75,7	4,04

a x *b* mm	*t* mm	*A* cm^2	*G* kg/m	I_y cm^4	W_y cm^3	i_y cm	I_z cm^4	W_z cm^3	i_z cm
	s	*F*		J_x	W_x	i_x	J_y	W_y	i_y
150 x 100	6,3	28,6	22,4	848	113	5,45	453	90,5	3,98
	8	35,2	27,7	1 008	134	5,35	536	107	3,90
160 x 80	4	18,2	14,3	598	74,7	5,74	204	50,9	3,35
	5	22,1	17,4	708	88,5	5,65	241	60,2	3,29
	6,3	27,3	21,4	846	106	5,57	286	71,4	3,24
	8	33,6	26,4	1 001	125	5,46	335	83,7	3,16
180 x 100	4	21,4	16,8	926	103	6,59	374	74,8	4,18
	5	26,1	20,5	1 107	123	6,51	446	89,3	4,13
	6,3	32,3	25,4	1 335	148	6,43	536	107	4,07
	8	40	31,4	1 598	178	6,32	637	127	3,99
	10	47,7	37,5	1 787	199	6,12	714	143	3,87
200 x 100	4	23	18	1 200	120	7,23	411	82,6	4,23
	5	28,1	22,1	1 438	144	7,14	492	98,3	4,17
	6,3	34,9	27,4	1 739	174	7,06	591	118	4,12
	8	43,2	34	2 081	209	6,95	705	141	4,04
	10	51,7	40,6	2 355	236	6,75	795	159	3,92
200 x 120	4	24,6	19,3	1 353	135	7,42	618	103	5,02
	5	30,1	23,7	1 628	163	7,34	742	124	4,96
	6,3	37,4	29,3	1 976	198	7,27	898	150	4,90
	8	46,4	36,5	2 386	239	7,17	1079	180	4,82
	10	55,7	43,7	2 717	272	6,98	1230	205	4,70
250 x 150	5	38,1	29,9	3 270	262	9,26	1496	199	6,26
	6,3	47,4	37,3	4 001	320	9,18	1825	243	6,20
	8	59,2	46,5	4 886	391	9,08	2219	296	6,12
	10	71,7	56,3	5 687	455	8,91	2584	345	6,00
	12,5	87,0	68,3	6 633	531	8,73	3002	400	5,87
260 x 180	6,3	52,5	41,2	5 013	386	9,77	2856	317	7,38
	8	65,6	51,5	6 145	473	9,68	3493	388	7,30
300 x 200	6,3	60,1	47,1	7 624	508	11,3	4104	410	8,27
	8	75,2	59,1	9 389	626	11,2	5042	504	8,19
	10	91,7	72,0	11 110	741	11,0	5969	597	8,07
	12,5	112	88,0	13 180	879	10,9	7060	706	7,94
400 x 200	8	91,2	71,6	18 970	949	14,4	6520	652	8,45
	10	112	87,7	22 650	1132	14,2	7780	778	8,34
	12,5	137	108	27 100	1355	14,1	9260	926	8,22

DIN 59 411 enthält 103 quadratische und 108 rechteckige Hohlprofile; außerdem werden in Anlehnung an diese Norm zahlreiche weitere Abmessungen hergestellt. Herstell-Längen bis 16 m.

*) Gesamtübersicht siehe „Stahl im Hochbau", 14. Auflage, Band I, Teil 1, Seite 150 bis 163.

D mm	t mm	A cm²	G kg/m	I cm⁴	W cm³	i cm
	s	F		J		

Rund-Hohlprofile Auswahl*) aus: **Nahtlose Stahlrohre** nach DIN 2448 / **Geschweißte Stahlrohre** nach DIN 2458 — Ausgabe Februar 1981

D mm	t mm (s)	A cm² (F)	G kg/m	I cm⁴ (J)	W cm³	i cm
33,7	2,6	2,54	1,99	3,09	1,84	1,10
	3,2	3,07	2,41	3,60	2,14	1,08
	4	3,73	2,93	4,19	2,49	1,06
42,4	2,6	3,25	2,55	6,46	3,05	1,41
	3,2	3,94	3,09	7,62	3,59	1,39
	4	4,83	3,79	8,99	4,24	1,36
48,3	2,6	3,73	2,93	9,78	4,05	1,62
	3,2	4,63	3,56	11,6	4,80	1,60
	4	5,57	4,37	13,8	5,70	1,57
60,3	2,9	5,23	4,11	21,6	7,16	2,03
	3,6	6,41	5,03	25,9	8,58	2,01
	4	7,07	5,55	28,2	9,34	2,00
	5	8,69	6,82	33,5	11,1	1,96
76,1	2,9	6,67	5,24	44,7	11,8	2,59
	3,6	8,20	6,44	54,0	14,2	2,57
	4	9,06	7,11	59,1	15,5	2,55
	5	11,2	8,77	70,9	18,6	2,52
88,9	3,2	8,62	6,76	79,2	17,8	3,03
	4	10,7	8,38	96,3	21,7	3,00
	5	13,2	10,3	116	26,2	2,97
	6,3	16,3	12,8	140	31,5	2,93
101,6	3,6	11,1	8,70	133	26,2	3,47
	4,5	13,7	10,8	162	31,9	3,44
	6,3	18,9	14,8	215	42,3	3,38
108	3,6	11,8	9,27	161	29,8	3,69
	4,5	14,6	11,5	196	36,4	3,66
	6,3	20,1	15,8	261	48,4	3,60
114,3	3,6	12,5	9,83	192	33,6	3,92
	4,5	15,5	12,2	234	41,0	3,89
	5,6	19,1	15,0	283	49,6	3,85
	7,1	23,9	18,8	345	60,4	3,80
133	4	16,2	12,7	338	50,8	4,56
	5,6	22,4	17,6	456	68,5	4,51
	7,1	28,1	22,0	558	83,9	4,46
139,7	4	17,1	13,4	393	56,2	4,80
	5,6	23,6	18,5	531	76,1	4,75
	6,3	26,4	20,7	589	84,3	4,72
	7,1	29,6	23,2	652	93,3	4,69
159	4,5	21,8	17,1	652	82,0	5,46
	5,6	27,0	21,2	795	100	5,43
	6,3	30,2	23,7	882	111	5,40
	7,1	33,9	26,6	979	123	3,38
168,3	4,5	23,2	18,2	777	92,4	5,79
	5,6	28,6	22,5	948	113	5,76
	6,3	32,1	25,2	1053	125	5,73
	7,1	36,0	28,2	1170	139	5,70
	8,8	44,1	34,6	1407	167	5,65
193,7	5 [2])	29,6	23,3	1320	136	6,67
	5,6	33,1	26,0	1465	151	6,65
	6,3	37,1	29,1	1630	168	6,63
	7,1	41,6	32,7	1814	187	6,60
	8	46,7	36,6	2016	208	6,57
	8,8	51,1	40,1	2189	226	6,54
219,1	5 [2])	33,6	26,4	1928	176	7,57
219,1	6,3	42,1	33,1	2 386	218	7,53
	7,1	47,3	37,1	2 660	243	7,50
	8,8	58,1	45,6	3 220	294	7,44
	10	65,7	51,6	3 598	328	7,40
244,5	6,3	47,1	37,0	3 346	274	8,42
	8	59,4	46,7	4 160	340	8,37
	10	73,7	57,8	5 073	415	8,30
	11	80,7	63,6	5 512	451	8,26
273	6,3	52,8	41,4	4 696	344	9,43
	7,1	59,3	46,6	5 245	384	9,40
	8,8	73,0	57,3	6 380	467	9,35
	10	82,6	64,9	7 154	524	9,31
	11	90,5	71,1	7 783	570	9,27
323,9	6,3 [2])	62,9	49,3	7 929	490	11,2
	7,1	70,7	55,5	8 869	548	11,2
	8,8	87,1	68,4	10 820	668	11,1
	10	98,6	77,4	12 160	751	11,1
	11	108	84,9	13 250	818	11,1
	12,5	122	96,0	14 850	917	11,0
355,6	8	87,4	68,6	13 200	742	12,3
	10	109	85,2	16 220	912	12,2
	12,2	135	106	19 850	1 117	12,1
406,4	8,8	110	86,3	21 730	1 069	14,1
	12,5	155	121	30 030	1 478	13,9
	17,5 [1])	214	168	40 500	1 993	13,8
457	10	140	110	35 090	1 536	15,8
	14,2 [1])	198	155	48 460	2 121	15,7
	17,5 [1])	242	190	58 430	2 557	15,6
508	8,8 [2])	138	108	43 000	1 693	17,7
	14,2	220	173	67 200	2 646	17,5
	20 [1])	307	241	91 430	3 600	17,3
559	12,5	215	168	80 160	2 868	19,3
	16	273	214	100 700	3 602	19,2
	20	339	266	123 200	4 406	19,1
610	12,5	235	184	104 800	3 435	21,1
	16	299	234	131 800	4 321	21,0
	20	371	291	161 500	5 295	20,9
660	14,2	288	226	150 300	4 553	22,8
	20	402	316	206 100	6 245	22,6
	25	499	392	251 800	7 629	22,5
711	10 [2])	220	173	135 300	3 806	24,8
	20 [2])	434	341	259 400	7 295	24,4
813	10 [2])	252	198	203 400	5 003	28,4
	16 [2])	401	314	318 200	7 828	28,2
	25 [2])	619	486	480 900	11 830	27,9
914	10 [2])	284	223	290 100	6 349	32,0
	25 [2])	698	548	690 300	15 110	31,4
1016	10 [2])	316	248	399 800	7 871	35,6
	25 [2])	778	611	956 100	18 820	35,0

Statische Werte für andere Abmessungen von den Rohrherstellern. Diese Rund-Hohlprofile werden nahtlos **und** geschweißt hergestellt. Ausnahmen mit Fußnote [1]) nur nahtlos [2]) nur geschweißt. In DIN 2458 sind größere D genormt: 1220, 1420, 1620, 1820, 2020 und 2220 mm.

Gewinderohre, nahtlos oder geschweißt (Regel-Lieferart ohne Gewinde; übliche Herstellänge 6 m)

mittelschwere nach DIN 2440 Ausgabe Juni 1978							schwere nach DIN 2441 Ausgabe Juni 1978						
D mm	t mm	A cm²	G kg/m	I cm⁴	W cm³	i cm	D mm	t mm	A cm²	G kg/m	I cm⁴	W cm³	i cm
10,2	2,0	0,515	0,407	0,046	0,090	0,298	10,2	2,65	0,628	0,493	0,050	0,099	0,283
13,5	2,35	0,823	0,650	0,134	0,198	0,403	13,5	2,9	0,966	0,769	0,146	0,216	0,388
17,2	2,35	1,10	0,852	0,310	0,360	0,532	17,2	2,9	1,30	1,02	0,347	0,403	0,516
21,3	2,65	1,55	1,22	0,689	0,647	0,666	21,3	3,25	1,84	1,45	0,775	0,728	0,648
26,9	2,65	2,02	1,58	1,50	1,12	0,863	26,9	3,25	2,41	1,90	1,72	1,28	0,844
33,7	3,25	3,11	2,44	3,64	2,16	1,08	33,7	4,05	3,77	2,97	4,22	2,51	1,06
42,4	3,25	4,00	3,14	7,71	3,64	1,38	42,4	4,05	4,88	3,84	9,07	4,28	1,36
48,3	3,25	4,60	3,61	11,7	4,86	1,60	48,3	4,05	5,63	4,43	13,9	5,75	1,57
60,3	3,65	6,50	5,10	26,2	8,68	2,01	60,3	4,5	7,89	6,17	30,9	10,2	1,98
76,1	3,65	8,31	6,51	54,6	14,4	2,56	76,1	4,5	10,1	7,90	65,1	17,1	2,54
88,9	4,05	10,8	8,47	97,4	21,9	3,00	88,9	4,85	12,8	10,1	113	25,5	2,98
114,3	4,5	15,5	12,1	234	41,0	3,89	114,3	5,4	18,5	14,4	275	48,0	3,86
139,7	4,85	20,5	16,2	468	66,9	4,77	139,7	5,4	22,8	17,8	514	73,7	4,75
165,1	4,85	24,4	19,2	784	95,0	5,67	165,1	5,4	27,1	21,2	865	105	5,65

*) Gesamtübersicht siehe „Stahl im Hochbau", 14. Auflage, Band I Teil 1 – Seite 111 bis 131.

Rundstahl und Vierkantstahl

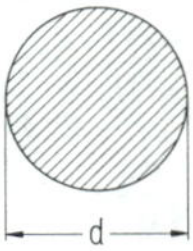

Normallängen bei Durchmesser *d*

5 bis unter 70 mm	6 bis 12 m
70 bis unter 120 mm	3 bis 9 m
120 mm bis 200 mm	3 bis 6 m

Normallängen bei Seitenlänge *a*

8 bis unter 70 mm	6 bis 12 m
70 bis unter 120 mm	3 bis 9 m
120 mm	3 bis 6 m

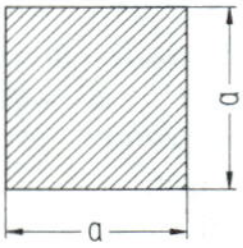

Die Durchmesser der Reihe *A* sind zu bevorzugen

Die Seitenlängen der Reihe *A* sind zu bevorzugen

Rundstahl

für allgemeine Verwendung (warmgewalzt) **nach DIN 1013 Teil 1, Ausgabe November 1976, enthält alle Nennmaße der EURONORM 60 (Mai 1977)**

d in mm Reihe A	*d* in mm Reihe B	Fläche cm²	*G* kg/m	*W* cm³	*U* cm²/m
8		0,503	0,395	0,050	251
10		0,785	0,617	0,098	314
12		1,13	0,888	0,170	377
	13	1,33	1,04	0,216	408
14		1,54	1,21	0,269	440
	15	1,77	1,39	0,331	471
16		2,01	1,58	0,402	503
	17	2,27	1,78	0,482	534
18		2,54	2,00	0,573	565
	19	2,84	2,23	0,673	597
20		3,14	2,47	0,785	628
	21	3,46	2,72	0,909	660
22		3,80	2,98	1,05	691
	23	4,15	3,26	1,19	723
24		4,52	3,55	1,36	754
25		4,91	3,85	1,53	785
	26	5,31	4,17	1,73	817
27		5,73	4,49	1,93	848
28		6,16	4,83	2,16	880
30		7,07	5,55	2,65	942
31		7,55	5,92	2,92	974
32		8,04	6,31	3,22	1010
	34	9,08	7,13	3,86	1070
35		9,62	7,55	4,21	1100
	36	10,2	7,99	4,58	1130
37		10,8	8,44	4,97	1160
38		11,3	8,90	5,39	1190
40		12,6	9,86	6,28	1260
42		13,9	10,9	7,27	1320
44		15,2	11,9	8,36	1380
45		15,9	12,5	8,95	1410
	47	17,3	13,6	10,2	1480
	48	18,1	14,2	10,9	1510
50		19,6	15,4	12,3	1570
52		21,2	16,7	13,8	1630
	53	22,1	17,3	14,6	1670
55		23,8	18,7	16,3	1730
60		28,3	22,2	21,2	1880
	63	31,2	24,5	24,5	1980
65		33,2	26,0	27,0	2040
70		38,5	30,2	33,7	2200
75		44,2	34,7	41,4	2360
80		50,3	39,5	50,3	2510
	85	56,7	44,5	60,3	2670
90		63,6	49,9	71,6	2830
	95	70,9	55,6	84,2	2980
100		78,5	61,7	98,2	3140
110		95,0	74,6	131	3460
120		113	88,8	170	3770
	130	133	104	216	4080
140		154	121	269	4400
150		177	139	331	4710
160		201	158	402	5030
	170	227	178	482	5340
180		254	200	573	5650
	190	284	223	673	5970
200		314	247	785	6280

Rundstahl

(nicht genormt)

d in mm	Fläche cm²	*G* kg/m	*W* cm³	*U* cm²/m
210	346	272	909	6600
220	380	298	1045	6910
230	416	326	1194	7220
240	452	355	1357	7540
250	491	385	1534	7850
260	531	417	1726	8170
270	573	450	1932	8480
280	616	483	2155	8800

i = *d*/4 (beides in cm)
DIN 1013 Teil 2, Ausgabe November 1976, enthält 39 Durchmesser für besondere Verwendung (z. B. zur Weiterverarbeitung durch Ziehen, für die Kettenherstellung usw.).

Vierkantstahl

für allgem. Verwendung (warmgewalzt) **nach DIN 1014 Teil 1, Ausgabe Juli 1978, enthält alle Nennmaße der EURONORM 59 (November 1978)**

a in mm Reihe A	*a* in mm Reihe B	Fläche cm²	*G* kg/m	*U* cm²/m
8		0,640	0,502	320
10		1,00	0,785	400
12		1,44	1,13	480
	13	1,69	1,33	520
14		1,96	1,54	560
	15	2,25	1,77	600
16		2,56	2,01	640
18		3,24	2,54	720
	19	3,61	2,83	760
20		4,00	3,14	800
22		4,84	3,80	880
	24	5,76	4,52	960
25		6,25	4,91	1000
	28	7,84	6,15	1120
30		9,00	7,07	1200
32		10,2	8,04	1280
35		12,3	9,62	1400
40		16,0	12,6	1600
	45	20,3	15,9	1800
50		25,0	19,6	2000
	55	30,3	23,7	2200
60		36,0	28,3	2400
	65	42,3	33,2	2600
70		49,0	38,5	2800
80		64,0	50,2	3200
	90	81,0	63,6	3600
100		100	78,5	4000
	110	121	95,0	4400
	120	144	113	4480

Vierkantstahl

(nicht genormt)

a in mm	Fläche cm²	*G* kg/m	*U* cm²/m
52	27,0	21,2	2080
56	31,4	24,6	2240
57	32,5	25,5	2280
63	39,7	31,2	2520
73	53,3	41,8	2920
75	56,3	44,2	3000
83	68,9	54,1	3320
85	72,3	56,7	3400
93	86,5	67,9	3720
103	106	83,3	4120

DIN 1014 Teil 2, Ausgabe Juli 1978, enthält 16 Seitenlängen für besondere Verwendung (z. B. zur Weiterverarbeitung durch Ziehen usw.).

Stahltrapezprofile für Dach, Wand und Decke

Die nebenstehende Tabelle enthält Querschnitts- und Tragfähigkeitswerte für eine Auswahl von Querschnittsformen und Blechdicken. Ausführliche Übersichten sowie Auskünfte über Stahltrapezprofile und Herstellerfirmen geben:

IFBS Industrieverband zur Förderung des Bauens mit Stahlblech e.V., Kaiserswerther Str. 137, 4000 Düsseldorf 30, Tel.: (02 11) 45 07 63, Telefax: (02 11) 4 54 33 76

Deutscher Verzinkerei-Verband e.V. (DVV)
Fachverband oberflächenveredeltes Feinblech
Breite Straße 69, 4000 Düsseldorf 1, Tel.: (02 11) 8 29 - 2 23
Telefax (02 11) 82 92 31

Stahl-Informations-Zentrum
Postfach 16 11, 4000 Düsseldorf 1, Tel.: (02 11) 8 29 - 3 62
Telefax (02 11) 82 92 31

Erläuterungen zu den Kurzzeichen der Tabelle:

- t_N = Nennblechdicke einschließlich Verzinkung
- g = Eigengewicht in kN je m^2
- b_A = Mindestauflagerbreite an Endauflagern
- b_B = Mindestauflagerbreite an Zwischenauflagern
- I_{ef}^{+} = Trägheitsmoment für Berechnung der Formänderung bei andrückender Belastung
- I_{ef}^{-} = Trägheitsmoment für Berechnung der Formänderung bei abhebender Belastung
- M_{dF} = Tragfähigkeitswert für das Feldmoment
- $R_{A,G}$ = Endauflager-Tragfähigkeitswert für den Gebrauchssicherheitsnachweis, Mindestauflagerbreite 40 mm
- $R_{A,T}$ = Endauflager-Tragfähigkeitswert für den Tragsicherheitsnachweis, Mindestauflagerbreite 40 mm
- M_d^o = Aufnehmbares Biegemoment bei querkraftfreier Auflagerung
- C = Hilfswert für die Ermittlung der elastisch aufnehmbaren Schnittgrößen an Zwischenauflagern
- $maxM_B$, $maxR_B$ = Größtwerte für Beanspruchungsgrößen im Zwischenstützenbereich
- M_R = Reststützmoment im Zwischenauflagerbereich nach Überschreiten des maximalen Stützmomentes max M_B

Die Bemessung wird nach DIN 18807, Teil 1 bis 3, Ausgabe Juni 1987 (siehe Seite 42) vorgenommen. Die für gleichmäßige Last (in kN/m^2) ermittelten vorhandenen Schnittgrößen für Biegemomente und Auflagerkräfte vorh M_F, vorh M_B, vorh R_A und vorh R_B werden mit Sicherheitsbeiwerten γ multipliziert; aus $\gamma \cdot$ vorh M_F wird M_F usw. Beim Nachweis der Gebrauchssicherheit ist $\gamma = 1{,}3$ für den Zwischenstützenbereich und 1,7 für Endauflager. Beim Tragsicherheitsnachweis ist $\gamma = 1{,}7$

Fußnoten zur Tabelle:

1) Bei kleineren b_B als 60 bzw. 160 mm sind die aufnehmbaren Tragfähigkeitswerte gemäß den Typenbescheiden zu reduzieren.
2) Maximale Stützweiten, bis zu denen das Profil als tragendes Bauteil für Dach und Decke verwendet werden darf; Grenzwerte für Begehbarkeit.
3) In der Interaktionsformel ist $\varepsilon = 1$ und $C = m^{-1}$ zu setzen.
4) Sind für Reststützmomente keine Werte angegeben, ist beim Tragsicherheitsnachweis $M_R = 0$ zu setzen, oder es ist ein Nachweis mit $\gamma = 1{,}7$ nach der Elastizitätstheorie zu führen (l = kleinere der benachbarten Stützweiten)

1
Profilquerschnitt
Maße in mm
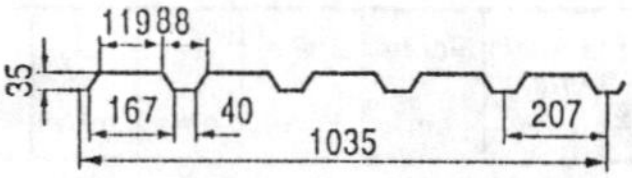
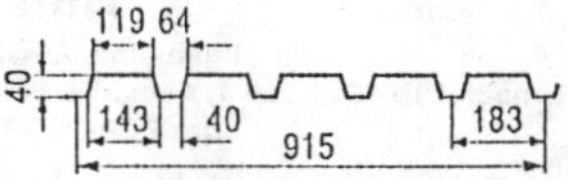
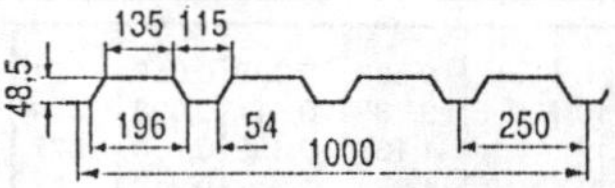
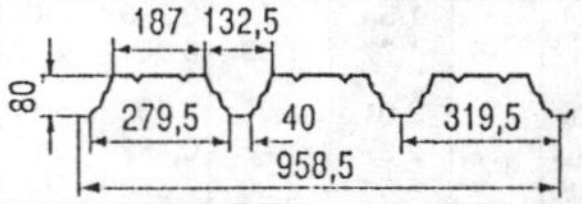
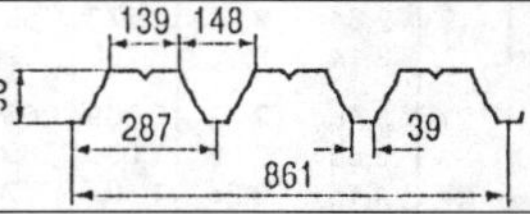
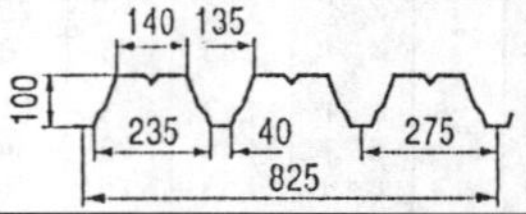
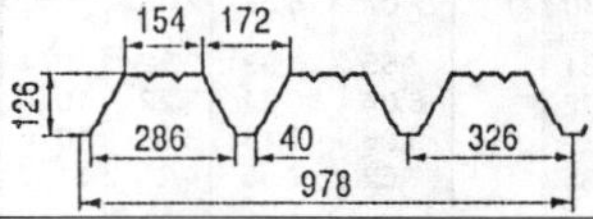
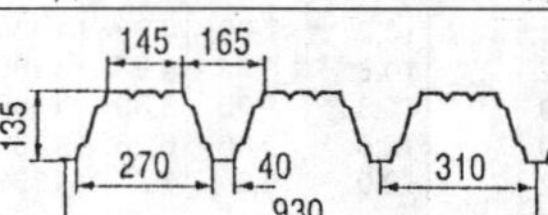
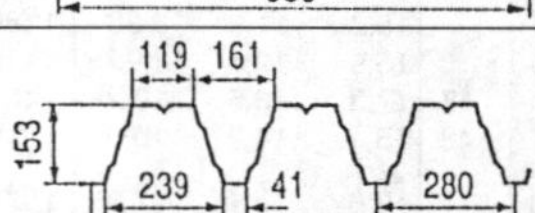
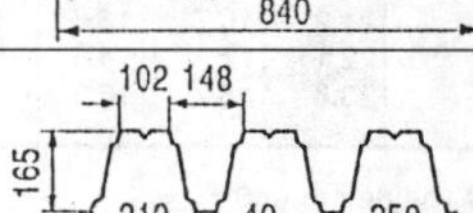

2	3	4	5	6	7	8	9	10	11	12	13	14	15	16	17	18	19
Bezeichnung	Nennblechdicke	Eigenlast	Zwischenauflagerbreite	Biegung (Trägheitsmomente)		Feldmoment	Endauflagerkräfte $b_A = 40$ mm		Elastisch aufnehmbare Schnittgrößen an Zwischenauflagern 1)				Rest-Stützmomente $M_R = 0$ für $l \le min\, l$	$M_R = \frac{l - min\, l}{max\, l - min\, l} \cdot max\, M_R$	$M_R = max\, M_R$ für $l \ge max\, l$ 4)	Grenz-Stützweiten 2) Einfeldträger	Grenz-Stützweiten 2) Mehrfeldträger
	t_N	g	b_B	$\overset{+}{I}_{ef}$	$\overset{-}{I}_{ef}$	M_{dF}	$R_{A,T}$	$R_{A,G}$	M_d^o	C	$max M_B$	$max R_B$	$min\, l$	$max\, l$	$max M_R$	l_{gr}	l_{gr}
	mm	kN/m²	mm	cm⁴/m	cm⁴/m	kNm/m	kN/m	kN/m	kNm/m	[ ]	kNm/m	kN/m	m	m	kNm/m	m	m
35/207	0,75	0,073	60	12,0	15,9	1,84	9,68	7,40	1,92	18,41	1,92	22,31		4)		0,89	1,10
	0,88	0,085		14,9	19,8	2,38	13,16	10,06	2,43	21,92	2,43	30,23				1,36	1,70
	1,00	0,097		17,6	23,0	2,90	16,78	12,83	2,92	25,22	2,92	38,43				1,78	2,22
	1,25	0,121		23,7	29,0	4,05	25,54	19,53	3,98	32,33	3,98	58,18				4,40	5,50
40/183 3)	0,75	0,082	60	21,6	21,6	2,57	8,50	6,50	3,32	11,2	2,70	15,3				1,20	1,50
	0,88	0,096		27,7	27,7	3,31	16,0	12,2	4,32	12,4	3,63	26,5				2,70	3,38
	1,00	0,109		35,2	35,2	4,04	23,1	17,7	5,24	13,5	4,50	37,0				3,90	4,88
	1,25	0,137		44,1	44,1	5,51	37,7	28,9	7,16	15,9	6,12	58,8				5,10	6,38
48,5/250 3)	0,75	0,075	60	35,1	35,1	2,30	13,8	10,5	3,24	6,37	2,42	9,96				1,77	2,21
	0,88	0,088		41,5	41,5	3,07	18,2	13,9	4,13	8,02	3,33	14,1				2,50	3,13
	1,00	0,100		47,5	47,5	3,77	22,4	17,2	4,94	9,01	4,19	18,0				2,86	3,57
	1,25	0,125		59,8	59,8	5,64	34,5	26,4	7,19	13,0	6,33	29,9				3,60	4,50
80/319,5	0,75	0,081	160	80,5	80,5	4,78	12,29	9,40	4,89	13,83	4,89	22,65				1,50	1,88
	0,88	0,095		95,2	95,2	6,21	16,58	12,67	6,20	18,0	6,20	31,50				2,99	3,74
	1,00	0,108		109,0	109,0	7,54	21,06	16,10	7,50	21,67	7,50	40,35				4,37	5,46
	1,25	0,136		137,0	137,0	10,04	30,50	23,32	10,54	32,08	10,54	64,95				6,60	8,25
98/287 3)	0,75	0,087	160	140	136	6,57	10,5	10,5	9,49	3,53	7,35	23,2	3,01	4,00	3,13	4,64	5,80
	0,88	0,102		167	160	9,25	14,6	14,6	12,8	3,59	9,62	32,2	3,30	4,26	4,05	7,06	8,83
	1,00	0,116		192	183	11,7	18,4	18,4	14,9	3,85	11,7	40,5	3,47	4,42	4,80	8,07	10,1
	1,25	0,145		239	234	16,7	29,5	29,5	18,5	6,42	15,7	59,1	2,86	3,86	8,32	10,2	12,7
100/275	0,75	0,090	160	155,1	155,1	4,50	8,16	6,24	8,57	10,15	6,78	19,44	4,00	4,00	1,82	3,70	4,63
	0,88	0,106		170,3	170,3	6,73	12,14	9,28	11,57	12,44	9,32	27,35	4,00	4,00	3,68	7,25	9,06
	1,00	0,120		191,4	191,4	9,06	16,19	12,38	14,18	15,22	11,78	36,20	4,00	4,00	6,18	8,24	10,30
	1,25	0,150		274,5	274,5	14,58	25,30	19,35	18,77	24,45	16,88	60,78	4,00	4,00	14,44	10,30	12,88
126/326	0,75	0,092	160	226,0	226,0	7,19	7,74	5,92	9,92	7,40	7,76	19,51	7,33	8,01	1,34	4,87	6,09
	0,88	0,108		268,0	268,0	10,44	10,02	9,19	12,52	9,48	10,41	27,72	5,90	6,61	2,04	6,85	8,56
	1,00	0,123		306,0	306,0	12,66	15,91	12,17	14,89	11,27	12,88	35,52	5,19	5,92	2,70	7,30	9,13
	1,25	0,153		386,0	386,0	15,68	19,92	15,24	18,63	12,61	16,12	44,41	5,19	5,92	3,37	8,56	10,70
135/310	0,75	0,097	160	273,0	273,0	10,00	8,60	6,58	10,58	11,03	9,11	26,81	5,37	6,09	2,30	5,75	7,19
	0,88	0,114		323,0	323,0	12,77	11,56	8,84	14,81	11,28	12,65	36,00	5,68	6,39	2,78	10,00	12,50
	1,00	0,129		369,0	369,0	15,40	14,35	10,97	18,89	11,67	16,09	45,00	5,89	6,60	3,22	11,36	14,21
	1,25	0,161		465,0	465,0	19,92	27,63	21,13	24,03	21,70	22,69	76,50	3,21	4,01	7,64	14,20	15,00
153/280	0,75	0,107	160	377	377	12,10	11,20	8,57	14,10	9,76	12,50	29,70	3,67	9,55	3,81	7,75	9,69
	0,88	0,126		446	446	18,00	17,80	13,60	20,10	12,10	16,40	44,10	4,03	10,70	4,67	10,00	12,50
	1,00	0,143		510	510	23,00	24,10	18,40	25,40	14,20	21,10	57,90	4,24	9,94	5,51	11,40	14,30
	1,25	0,179		642	642	29,40	35,40	27,00	33,50	18,20	33,50	85,70	4,30	7,60	7,36	14,40	18,00
165/250	0,75	0,120	160	483	483	15,01	11,26	8,12	14,81	10,67	11,76	33,40	8,44	9,11	2,01	8,25	10,31
	0,88	0,141		567	567	19,22	15,67	11,30	20,23	11,87	16,43	43,84	7,38	8,07	3,17	9,68	12,10
	1,00	0,160		653	653	23,40	19,98	14,41	25,64	13,07	21,10	54,27	6,87	7,56	4,23	11,00	13,75
	1,25	0,200		823	823	30,32	33,40	24,09	34,13	17,73	28,83	82,64	4,99	5,72	7,56	13,75	15,00

Es ist nachzuweisen $M \leqq M_{dF}$ (Spalte 8)
$R_A \leqq R_{A,G}$ (Spalte 10) für die Gebrauchsfähigkeit bzw. $R_{A,T}$ (Spalte 9) für die Tragfähigkeit
$M_B \leqq \max M_B$ (Spalte 13) $R_B \leqq \max R_B$ (Spalte 14)
sowie $M_B \leqq M_d^o - (R_B/C)^\varepsilon$ (Spalten 11 und 12) $R_B \leqq C \cdot (M_d^o - M_B)^\varepsilon$ (Spalten 11 und 12)
Im allgemeinen ist $\varepsilon = 2$ und $C = \sqrt{kN}/m$ zu setzen.

$$q_{Tr} = \rho \cdot \frac{8\,M_{dF}}{l^2} \qquad \rho = ½\left(1 + ½ \cdot \frac{M_R}{M_{dF}} + \sqrt{1 + \frac{M_R}{M_{dF}}}\right) \qquad \text{(Spalten 15 bis 17)}$$

Die Tabellenwerte werden auch bei der Bemessung nichttragender Dachdeckungen und Außenwände sowie für Außenwandbekleidungen verwendet.
Einzellasten, Linienlasten und Schubfeldbeanspruchung siehe DIN 18807.
Stahltrapezprofile bestehen aus beidseitig feuerverzinktem Stahlblech mit oder ohne zusätzliche Kunststoffbeschichtung. Sie sind längsprofiliert und im allgemeinen in Blechdicken von 0,63 bis 1,50 mm erhältlich.
Stahltrapezprofile werden als Bauteile für Dächer, Decken, Wände und Außenwandbekleidungen verwendet. Für besondere akustische Anforderungen (Schallschluck) können einige Profile mit gelochten Stegen geliefert werden. Korrosionsschutzangaben sind in Teil 1 der DIN 18807 enthalten. Verbunden werden die Stahltrapezprofile mit der Unterkonstruktion sowie miteinander und mit anderen Bauteilen durch bauaufsichtlich zugelassene Verbindungselemente.
Ausführliche Angaben über Stahltrapezprofile sind enthalten in entsprechenden Informationsschriften der Hersteller, in IFBS-Veröffentlichungen (z. B. IFBS-Info Nr. 701 enthält den Sammelzulassungsbescheid für Verbindungselemente), DVV-Schriften und in MERKBLÄTTERN des Stahl-Informations-Zentrums.

Stahltrapezprofile für Verbunddecken

Bei Geschoßdecken werden die üblichen Stahltrapezprofile (siehe vorige Seite) entweder als großformatige verlorene Schalung oder als tragende Stahldecke eingesetzt. Stahltrapezprofile mit spezieller Profilgebung können darüber hinaus im Verbund mit Beton als Feldlängsbewehrung wirken und so den Flächenverbund einer Verbunddecke erzeugen. Entsprechende Zulassungsbescheide sind vom Institut für Bautechnik (IfBt), Berlin, erteilt. Nachstehend vier Beispiele:

Die Abbildung 1 zeigt eine Profilform, bei der die Verbundwirkung im wesentlichen aus der Hinterschneidung resultiert; bei den Profilformen der Abb. 2 und 3 wird die Verbundwirkung durch eingeprägte Noppen in den Gurten bzw. Stegen verstärkt. Die Hinterschneidung führt zu einem günstigen Verhalten bei Brandbeanspruchung von unten. Die Hohlrippen können als Ankerschienen dienen, in denen mit Hilfe von Keilkopfschrauben oder Keilblechmuttern Installationsleitungen und Unterdecken abgehängt werden. Das Profil der Abb. 1 wird in Höhen von 38 und 51 mm geliefert.

Bei der Verbunddecke in Abbildung 4 wird der Verbund durch Aufdornlochung in den Trapezprofilgurten erzielt. Werden bei diesem System hohe Trapezprofile (h ≧ 100 mm) verwendet, so können sie im allgemeinen auch bei großen Spannweiten stützenfrei montiert werden. Lieferbar sind die aufgedornten Stahltrapezprofile in den Blechdicken ab 0,88 mm und mit Profilhöhen von 40 bis 135 mm. Die Abbildung zeigt als Beispiel das Profil E 100.

Abbildung 1

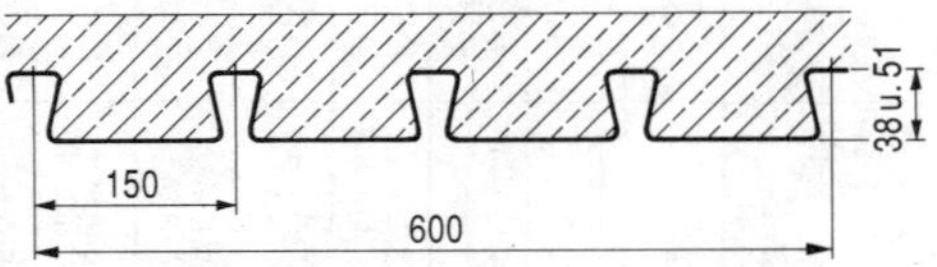

Abbildung 2

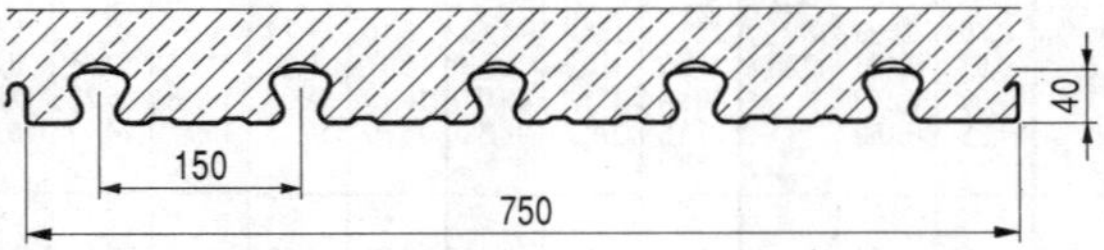

Abbildung 3

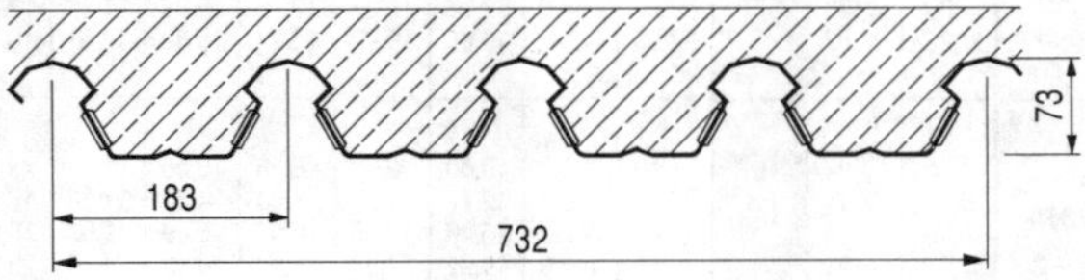

Abbildung 4

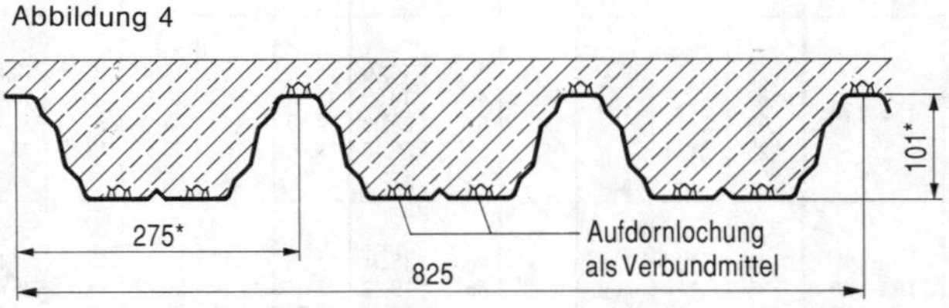

Bei allen Verbunddeckensystemen ist durch die Wahl der Profilart und der Blechdicke, der Dicke der Betonüberdeckung, der Betonfestigkeit und der Zusatzbewehrung eine Anpassung an die statischen und brandschutztechnischen Anforderungen möglich. Auskünfte über Verbunddecken erteilt IFBS (siehe Seite 24 oben).

Kaltprofile

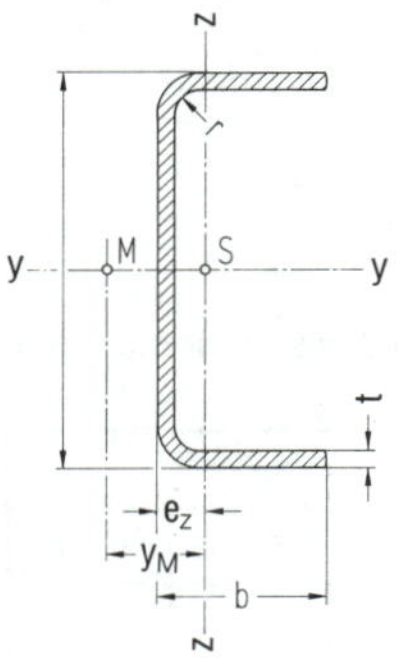

e_z = Abstand der Schwerachse z-z

y_M = Abstand des Schubmittelpunktes von der z-Achse

I_T = Drillwiderstand

C = Wölbwiderstand, bezogen auf den Schubmittelpunkt M

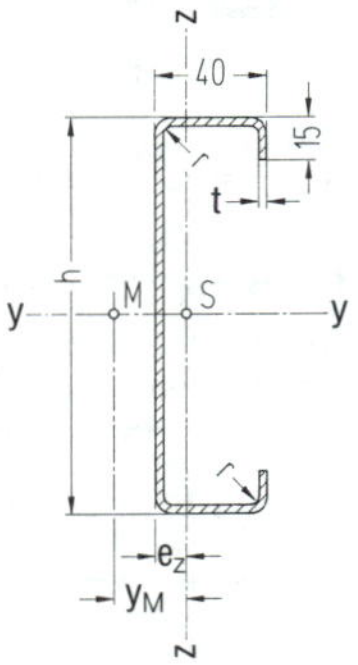

Frühere Benennungen

Kurzzeichen	Maße in mm für				A	G	Für die Biegeachsen						e_z	y_M	I_T	C
							y-y			z-z						
	h	b	t	r	cm²	kg/m	I_y cm⁴	W_y cm³	i_y cm	I_z cm⁴	W_z cm³	i_z cm	cm	cm	cm⁴	cm⁶
Frühere Benennungen			s		F		J_x	W_x	i_x	J_y	W_y	i_y	e_y	x_M	J_D	C_M
U	**U-Profile, Kaltprofile aus Stahl**															
20/20 x 1,5	20	20	1,5	1,5	0,812	0,637	0,537	0,537	0,814	0,333	0,269	0,641	0,760	1,55	0,0059	0,187
23/23 x 1,5	23	23	1,5	1,5	0,947	0,743	0,847	0,737	0,946	0,520	0,361	0,741	0,859	1,78	0,0069	0,399
25/25 x 1,5	25	25	1,5	1,5	1,04	0,814	1,11	0,887	1,03	0,676	0,430	0,803	0,926	1,93	0,0076	0,624
28/28 x 1,5	28	28	1,5	1,5	1,17	0,920	1,59	1,14	1,17	0,966	0,544	0,908	1,03	2,16	0,0086	1,14
30/30 x 1,5	30	30	1,5	1,5	1,26	0,991	1,99	1,32	1,25	1,20	0,628	0,974	1,09	2,32	0,0093	1,65
30/30 x 2	30	30	2	2	1,64	1,29	2,49	1,66	1,23	1,53	0,816	0,966	1,12	2,32	0,0214	1,99
40/40 x 3	40	40	3	3	3,25	2,55	8,60	4,30	1,63	5,33	2,15	1,28	1,52	3,10	0,0947	11,9
46/45 x 4	46	45	3	3	3,73	2,93	13,3	5,77	1,89	7,83	2,77	1,45	1,67	3,46	0,109	23,9
50/40 x 4	50	40	4	4	4,57	3,59	17,7	7,10	1,97	7,36	2,90	1,27	1,46	2,93	0,235	24,2
54/45 x 4	54	45	4	4	5,13	4,03	23,8	8,81	2,15	10,6	3,70	1,43	1,64	3,33	0,265	41,9
62/45 x 4	62	45	4	4	5,45	4,28	32,9	10,6	2,46	11,2	3,80	1,43	1,56	3,20	0,282	59,6
70/50 x 4	70	50	4	4	6,17	4,85	48,1	13,7	2,79	15,8	4,77	1,60	1,69	3,54	0,321	110
80/50 x 5	80	50	5	7,5	7,95	6,24	76,5	19,1	3,10	19,7	5,92	1,57	1,67	3,40	0,646	166
90/50 x 5	90	50	5	7,5	8,45	6,64	101	22,5	3,46	20,7	6,06	1,56	1,59	3,27	0,687	226
92/60 x 5	92	60	5	7,5	9,55	7,50	126	27,3	3,63	34,7	8,65	1,91	1,98	4,14	0,779	408
100/50 x 5	100	50	5	7,5	8,95	7,03	130	26,1	3,82	21,5	6,17	1,55	1,51	3,15	0,729	297
120/60 x 6	120	60	6	9	12,9	10,1	270	45,1	4,58	44,6	10,7	1,86	1,82	3,78	1,51	888
140/60 x 6	140	60	6	9	14,1	11,1	392	55,9	5,27	47,2	10,9	1,83	1,69	3,56	1,66	1320
160/65 x 7	160	65	7	10,5	18,2	14,3	649	81,1	5,96	70,3	15,0	1,96	1,81	3,77	2,91	2550
200/80 x 6	200	80	6	9	20,1	15,8	1160	116	7,60	120	20,2	2,44	2,07	4,62	2,38	7380
C	**C-Profile, Kaltprofile aus Stahl**															
80 x 3	80	40	3	3	5,00	3,92	47,5	11,9	3,08	10,5	4,11	1,45	1,44	3,25	0,144	155
100 x 3	100	40	3	3	5,60	4,39	81,2	16,2	3,81	11,4	4,24	1,43	1,31	2,99	0,162	241
120 x 3	120	40	3	3	6,20	4,86	126	21,0	4,51	12,1	4,33	1,40	1,19	2,77	0,180	353
140 x 3	140	40	3	3	6,80	5,33	183	26,2	5,19	12,7	4,40	1,37	1,10	2,59	0,198	493
160 x 3	160	40	3	3	7,40	5,81	254	31,8	5,86	13,2	4,45	1,34	1,02	2,43	0,216	661
180 x 3	180	40	3	3	8,00	6,28	340	37,8	6,52	13,7	4,50	1,31	0,959	2,29	0,234	859
200 x 3	200	40	3	3	8,60	6,75	441	44,1	7,17	14,0	4,53	1,28	0,902	2,16	0,252	1090

Kaltprofile werden aus flachgewalztem Stahl hergestellt; dabei wird das Flachzeug durch Walzen oder Abkanten kalt geformt. Kennzeichnend ist die nahezu gleichbleibende Wanddicke in allen Querschnitten eines Profils. Es gibt symmetrische und unsymmetrische, offene und geschlossene, geradwinklige und schiefwinklige Kaltprofile. Die Querschnittsform und die Abmessungen können dem Verwendungszweck optimal angepaßt werden; nähere Auskunft und Querschnittswerte durch die Lieferwerke.

Zu den symmetrischen Profilen gehören Winkel-, U-, C-, Z-, Hut- und Doppelquerschnitte. Aus der Vielzahl möglicher U- und C-Profile gibt die obige Tabelle einige Beispiele. Ausführliche Angaben sind der Schrift „Kaltprofile" 3. Auflage 1982 (Verlag Stahleisen mbH, Düsseldorf) zu entnehmen. Auskünfte erteilt die Fachvereinigung Kaltwalzwerke e.V., Kaiserswertherstraße 137, 4000 Düsseldorf 30, Telefon (02 11) 45 07 21; Telefax (02 11) 4 54 33 76.

Über die Bemessung und konstruktive Gestaltung von Tragwerken aus dünnwandigen kaltgeformten Bauteilen (Kaltprofile) informiert DASt-Richtlinie 016 (siehe Seite 43).

Technische Lieferbedingungen für Kaltprofile aus Stahl siehe DIN 17 118, Ausgabe Januar 1976.

Zulässige Maß-, Form- und Gewichtsabweichungen für Kaltprofile aus Stahl siehe DIN 59 413, Ausg. Januar 1976.

Flachstahl

Normallängen für Breiten bis unter 110 mm und Dicken bis unter 31 mm 6 bis 12 m,
für sonstige Abmessungen 3 bis 12 m

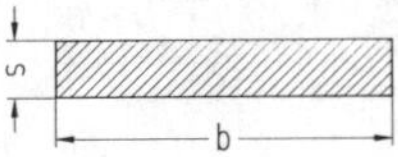

DIN 1017 Teil 1, Ausgabe April 1967, warmgewalzter Flachstahl für allgemeine Verwendung

(DIN 1017 Teil 2, Ausgabe März 1964, behandelt warmgewalzten Flachstahl für besondere Verwendung: in Stabziehereien, Schraubenwerken usw.)

Gewicht von Flachstahl in kg/m, errechnet mit 7,85 kg/dm³

Bei legierten Stählen ist jeweils die in den Gütevorschriften angegebene Dichte für die Gewichtsberechnung einzusetzen.

Breite *b* mm	Dicke *s* in mm																				
	5	6	6,5	7	8	9	10	11	12	13	14	15	16	18	20	22	25	30	35	40	50	60
10	0,39	–	–	–	–	–	–	–	–	–	–	–	–	–	–	–	–	–	–	–	–	–
11	0,43	0,52	–	–	–	–	–	–	–	–	–	–	–	–	–	–	–	–	–	–	–	–
12	0,47	0,57	–	–	–	–	–	–	–	–	–	–	–	–	–	–	–	–	–	–	–	–
13	0,51	0,61	0,66	0,71	0,82	(0,92)	–	–	–	–	–	–	–	–	–	–	–	–	–	–	–	–
14	0,55	0,66	–	0,77	0,88	–	–	–	–	–	–	–	–	–	–	–	–	–	–	–	–	–
15	0,59	0,71	–	0,82	0,94	–	1,18	–	–	–	–	–	–	–	–	–	–	–	–	–	–	–
16	0,63	0,75	0,82	0,88	1,00	1,13	1,26	1,38	–	–	–	–	–	–	–	–	–	–	–	–	–	–
17	(0,67)	0,80	–	0,93	1,07	–	–	1,47	–	–	–	–	–	–	–	–	–	–	–	–	–	–
18	0,71	0,85	(0,92)	(0,99)	1,13	1,27	1,41	(1,55)	–	–	–	–	–	–	–	–	–	–	–	–	–	–
19	(0,75)	(0,90)	–	(1,04)	(1,19)	1,34	–	1,64	–	1,94	–	–	–	–	–	–	–	–	–	–	–	–
20	0,79	0,94	1,02	1,10	1,26	1,41	1,57	–	1,88	2,04	–	2,36	–	–	–	–	–	–	–	–	–	–
22*)	0,86	1,04	1,12	1,21	1,38	–	1,73	1,90	2,07	2,25	2,42	(2,59)	–	–	–	–	–	–	–	–	–	–
25	0,98	1,18	1,28	1,37	1,57	–	1,96	–	2,36	2,55	2,75	2,94	3,14	–	–	–	–	–	–	–	–	–
26	1,02	1,22	1,33	1,43	1,63	–	2,04	–	2,45	2,65	2,86	3,06	3,27	3,67	4,08	–	–	–	–	–	–	–
28	1,10	1,32	1,43	1,54	1,76	–	2,20	–	2,64	2,86	3,08	–	3,52	3,96	–	–	–	–	–	–	–	–
30	1,18	1,41	1,53	1,65	1,88	2,12	2,36	–	2,83	3,06	3,30	3,53	3,77	4,24	4,71	5,18	5,89	–	–	–	–	–
32	1,26	1,51	1,63	–	2,01	–	2,51	–	3,01	(3,27)	3,52	3,77	4,02	–	5,02	5,53	6,28	–	–	–	–	–
35	1,37	1,65	1,79	1,92	2,20	–	2,75	–	3,30	3,57	3,85	4,12	4,40	4,95	5,50	6,04	6,87	–	–	–	–	–
38	1,49	1,79	1,94	–	2,39	–	2,98	–	3,58	3,88	4,18	4,47	4,77	–	5,97	6,56	7,46	–	–	–	–	–
40	1,57	1,88	2,04	2,20	2,51	2,83	3,14	–	3,77	4,08	4,40	4,71	5,02	5,65	6,28	6,91	7,85	9,42	–	–	–	–
45	1,77	2,12	2,30	2,47	2,83	–	3,53	–	4,24	4,59	4,95	5,30	5,65	–	7,07	7,77	8,83	10,6	–	–	–	–
50	1,96	2,36	2,55	2,75	3,14	3,53	3,93	–	4,71	5,10	5,50	5,89	6,28	7,07	7,85	8,64	9,81	11,8	–	15,7	–	–
55	2,16	2,59	2,81	–	3,45	–	4,32	–	5,18	5,61	6,04	6,48	6,91	7,77	8,64	9,50	10,8	13,0	–	–	–	–
60	2,36	2,83	3,06	3,30	3,77	4,24	4,71	–	5,65	6,12	–	7,07	7,54	8,48	9,42	10,4	11,8	14,1	16,5	18,8	(23,6)	–
65	2,55	3,06	3,32	–	4,08	4,59	5,10	–	6,12	6,63	–	7,65	8,16	–	10,2	11,2	12,8	15,3	–	20,4	–	–
70	2,75	3,30	3,57	3,85	4,40	–	5,50	–	6,59	7,14	–	8,24	8,79	9,89	11,0	12,1	13,7	16,5	19,2	22,0	27,5	
75	2,94	3,53	3,83	–	4,71	–	5,89	–	7,07	7,65	–	8,83	9,42	–	11,8	–	14,7	17,7	20,6	23,6	–	(35,3)
80	3,14	3,77	4,08	4,40	5,02	–	6,28	6,91	7,54	8,16	–	9,42	10,0	–	12,6	–	15,7	18,8	(22,0)	25,1	31,4	(37,7)
90	3,53	4,24	4,59	–	5,65	6,36	7,07	7,77	8,48	9,18	–	10,6	11,3	12,7	14,1	–	17,7	21,2	–	28,3	35,3	42,4
100	3,93	4,71	5,10	–	6,28	–	7,85	8,64	9,42	10,2	11,0	11,8	12,6	–	15,7	–	19,6	23,6	–	31,4	39,3	47,1
110	–	–	–	–	6,91	7,77	8,64	9,50	10,4	11,2	12,1	13,0	13,8	–	17,3	–	21,6	25,9	–	34,5	43,2	–
120	–	–	–	–	7,54	–	9,42	(10,4)	11,3	12,2	–	14,1	15,1	–	18,8	–	23,6	28,3	–	37,7	47,1	56,5
130	–	–	–	–	8,16	9,18	10,2	11,2	12,2	13,3	14,3	15,3	16,3	–	20,4	–	25,5	30,6	–	40,8	51,0	–
140	–	–	–	–	8,79	–	11,0	–	13,2	–	–	16,5	17,6	–	22,0	–	27,5	33,0	(38,5)	44,0	55,0	–
150	–	–	–	–	9,42	–	11,8	13,0	14,1	15,3	16,5	17,7	18,8	–	23,6	–	29,4	35,3	–	47,1	58,9	70,7

*) Zu DIN 1017 Teil 1, gehört auch Flachstahl 22 x 17 mit 2,94 kg/m.
Abmessungen, deren Gewichte eingeklammert sind, möglichst vermeiden.

Flacherzeugnisse aus Stahl

Hierzu gehören: Breitflachstahl
Blech und Band
sowie Bleche mit eingewalzten Mustern (Tränen-, Riffelblech), DIN 59 220 (Ausg. Sept. 1983)
ferner Wellbleche und Trapezprofile.

Flachstahl (z. B. nach DIN 1017) gehört nicht zu „Flacherzeugnissen aus Stahl" nach EURONORM 79.

Alle Gewichte werden mit 7,85 kg/dm³ errechnet, sofern in den Gütevorschriften keine anderen Werte für die Dichte genannt sind (wie z. B. bei nichtrostendem Stahl).

Blech und Band

DIN EN 10 029 (Ausgabe Oktober 1991) (Ersatz für DIN 1543) gilt für **warmgewalztes Stahlblech** in Dicken von 3 bis 250 mm und in Nennbreiten von 600 bis über 4000 mm aus allen unlegierten und legierten Stählen einschließlich der nichtrostenden Stähle.

DIN EN 10 051 (Ausgabe Februar 1992) (Ersatz für DIN 1016) gilt für **warmgewalztes Breitband und** daraus geschnittenes **Blech** in Dicken bis 25 mm und Nennbreiten bis 2200 mm aus allen unlegierten und legierten Stählen. Ausgenommen sind Erzeugnisse in Walzbreiten unter 600 mm (demnächst DIN EN 10 048).

DIN EN 10131 (Ausgabe Januar 1992) (Ersatz für DIN 1541) gilt für **kaltgewalztes Breitband und** daraus geschnittenes **Blech** in Dicken von 0,35 bis 3,0 mm und Breiten bis über 2000 mm. Gütevorschriften u. a. in DIN EN 10130 Kaltgewalzte Flacherzeugnisse aus weichen Stählen zum Kaltumformen (Ersatz für DIN 1623 Teil 1), DIN 1623 Teil 2 Kaltgewalztes Feinblech aus allgemeinen Baustählen und DIN 1623 Teil 3 Kaltgewalztes Blech und Band aus Stählen zum Emaillieren (demnächst DIN EN 10209).

DIN 1544 (Ausgabe August 1975) behandelt **Kaltband** bis 650 mm Walzbreite aus allen Stählen (außer hitzebeständigen und nichtrostenden Stählen) in Dicken von 0,10 bis 6,0 mm.
Gütevorschriften siehe u. a. DIN 1624 Kaltgewalztes Band in Walzbreiten bis 650 mm aus weichen unlegierten Stählen (Ausgabe Juni 1987).

DIN 59381 (Ausgabe August 1980) **Kaltband** aus **nichtrostenden** und hitzebeständigen Stählen mit Dicken $s \leqq 3$ mm und Breiten $b \leqq 650$ mm.
Gütevorschriften siehe u. a. DIN 17 440 und 17 441 Nichtrostende Stähle (Ausgabe Juli 1985) (siehe auch Seite 38).

DIN 59382 (Ausgabe August 1975) **Kaltgewalztes Breitband und Blech** aus **nichtrostenden** Stählen mit Dicken s von 0,40 bis 6 mm und Walzbreiten von über 650 bis 1600 mm.
Gütevorschriften siehe u. a. DIN 17 440 und 17 441 Nichtrostende Stähle (Ausgabe Juli 1985) (siehe auch Seite 38).

DIN 59232 (Ausgabe Juli 1978) behandelt **feuerverzinktes Breitband und Blech** aus weichen unlegierten Stählen und aus allgemeinen Baustählen; wird in Kürze ersetzt durch DIN EN 10143 (z.Z. Entwurf 09.1991).
Technische Lieferbedingungen siehe DIN EN 10 142 Kontinuierlich feuerverzinktes Blech und Band aus weichen Stählen zum Kaltumformen (Ausgabe 03.1991, Ersatz für DIN 17 162 Teil 1) und DIN EN 10147 Kontinuierlich feuerverzinktes Blech und Band aus Baustählen (Ausgabe 01.1992, Ersatz für DIN 17 162 Teil 2).

Breitflachstahl

Normallängen 4 bis 12 m

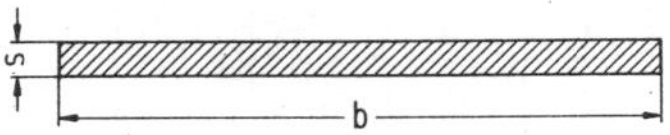

DIN 59200 (Ausgabe Oktober 1975) entspricht weitgehend der Neufassung von EURONORM 91.

Geltungsbereich: Dicken $s \geqq 4$ mm; Breiten $b > 150$ mm und $\leqq 1250$ mm; 13 Nenndicken und 27 Nennbreiten (siehe die Tabelle) sind zu bevorzugen; alle anderen Nenndicken und Nennbreiten innerhalb des festgelegten Geltungsbereiches sind jedoch ebenfalls lieferbar.

Gewicht von Breitflachstahl

(warmgewalzt) in kg/m, errechnet mit 7,85 kg/dm³ für die zu bevorzugenden Nenndicken und Nennbreiten. (Diese Metergewichte sind nicht in der Norm enthalten.)

Bei legierten Stählen ist jeweils die in den Gütenormen angegebene Dichte für die Gewichtsberechnung einzusetzen.

Breite *b* mm	Dicke *s* in mm												
	5	6	8	10	12	15	20	25	30	40	50	60	80
160	6,28	7,54	10,0	12,6	15,1	18,8	25,1	31,4	37,7	50,2	62,8	75,4	100
180	7,07	8,48	11,3	14,1	17,0	21,2	28,3	35,3	42,4	56,5	70,7	84,8	113
200	7,85	9,42	12,6	15,7	18,8	23,6	31,4	39,3	47,1	62,8	78,5	94,2	126
220	8,64	10,4	13,8	17,3	20,7	25,9	34,5	43,2	51,8	69,1	86,4	104	138
240	9,42	11,3	15,1	18,8	22,6	28,3	37,7	47,1	56,5	75,4	94,2	113	151
250	9,81	11,8	15,7	19,6	23,6	29,4	39,3	49,1	58,9	78,5	98,1	118	157
260	10,2	12,2	16,3	20,4	24,4	30,6	40,8	51,0	61,2	81,6	102	122	163
280	11,0	13,2	17,6	22,0	26,4	33,0	44,0	54,9	65,9	87,9	110	132	176
300	11,8	14,1	18,8	23,6	28,3	35,3	47,1	58,9	70,7	94,2	118	141	188
320	12,6	15,1	20,1	25,1	30,1	37,7	50,2	62,8	75,4	100	126	151	201
340	13,3	16,0	21,4	26,7	32,0	40,0	53,4	66,7	80,1	107	133	160	214
350	13,7	16,5	22,0	27,5	33,0	41,2	55,0	68,7	82,4	110	137	165	220
360	14,1	17,0	22,6	28,3	33,9	42,4	56,5	70,6	84,8	113	141	170	226
380	14,9	17,9	23,9	29,8	35,8	44,7	59,7	74,6	89,5	119	149	179	239
400	15,7	18,8	25,1	31,4	37,7	47,1	62,8	78,5	94,2	126	157	188	251
450	17,7	21,2	28,3	35,3	42,4	53,0	70,7	88,4	106	141	177	212	283
500	19,6	23,6	31,4	39,3	47,2	59,0	78,7	98,3	118	157	196	236	314
550	21,6	25,9	34,5	43,2	51,8	64,8	86,4	108	130	173	216	259	345
600	23,6	28,3	37,7	47,1	56,5	70,7	94,2	118	141	188	236	283	377
650	25,5	30,6	40,8	51,0	61,2	76,5	102	128	153	204	255	306	408
700	27,5	33,0	44,0	55,0	65,9	82,4	110	137	165	220	275	330	440
750	29,4	35,3	47,1	58,9	70,7	88,3	118	147	177	236	294	353	471
800	31,4	37,7	50,2	62,8	75,4	94,2	126	157	188	251	314	377	502
900	35,3	42,4	56,5	70,7	84,8	106	141	177	212	283	353	424	565
1000	39,2	47,1	62,8	78,5	94,2	118	157	196	236	314	392	471	628
1100	43,2	51,8	69,1	86,4	104	130	173	216	259	345	432	518	691
1200	47,1	56,5	75,4	94,2	113	141	188	235	283	377	471	565	754

Schnittgrößen im vollplastischen Zustand

Das plastische Widerstandsmoment W_{pl} ist das Moment der beiden Querschnittshälften in Bezug auf die Querschnittshalbierende; $W_{pl} = 2\ S_y$ (früher S_x)

Die weiteren Tabellenwerte sind, entsprechend DIN 18 800, ermittelt für die Streckgrenze β_S des St 37 mit dem Werkstoffkennwert 240 N/mm² (Für St 52 gelten die 1,5fachen Werte; für die hochfesten Feinkornstähle ist sinngemäß mit 460 bzw. 690 N/mm² zu rechnen).

Es ergibt sich das plastische Moment M_{pl} aus dem plastischen Widerstandsmoment W_{pl} zu $W_{pl} \cdot \beta_S = M_{pl}$, die plastische Längskraft N_{pl} aus der Querschnittsfläche A zu $A \cdot \beta_S = N_{pl}$, die plastische Querkraft Q_{pl} (parallel zum Steg) aus der Stegfläche A_S zu $A_S \cdot \beta_S \cdot \frac{1}{\sqrt{3}} = Q_{pl}$.

Dabei ist $A_S = (h - t_g)\ t_S$ bzw. $= (h - t)\ s$.

W_{pl}, M_{pl} und Q_{pl} beziehen sich auf die Biegung um die „starke" Achse, früher x-Achse, jetzt y-Achse genannt.

Tabellenwerte z. T. nach Angaben von Professor Dr. Rubin, Technische Universität Wien.

h	IPE				IPE a				IPE o IPE v	IPEo und IPE v			
	W_{pl} mm	M_{pl} cm³	N_{pl} kNm	Q_{pl} kN	W_{pl} kN	M_{pl} cm³	N_{pl} kNm	Q_{pl} kN	kN	W_{pl} cm³	M_{pl} kNm	N_{pl} kN	Q_{pl} kN
80	23,2	5,57	183	39,4	–	–	–	–	**100 o**	189	45,4	650	144
100	39,4	9,46	248	53,6	–	–	–	–	**200 o**	249	59,9	767	165
120	60,7	14,6	317	69,3	49,9	12,0	265	59,2	**220 o**	321	77,1	897	194
140	88,3	21,2	394	86,7	71,6	17,2	321	69,4	**240 o**	410	98,5	1049	224
160	124	29,7	482	106	99,1	23,8	388	83,7	**270 o**	575	138	1292	272
180	166	39,9	575	126	135	32,5	470	102	**300 o**	744	179	1508	323
200	221	53,0	684	149	182	43,6	563	118	**330 o**	943	226	1743	377
220	285	68,5	801	172	240	57,7	678	145	**360 o**	1186	285	2019	445
240	367	88,0	939	198	312	74,8	799	165	**400 o**	1502	361	2313	522
270	484	116	1103	238	412	99,0	940	197	**400 v**	1681	404	2569	574
300	628	151	1291	285	542	130	1117	243	**450 o**	2046	491	2824	668
330	804	193	1503	331	702	168	1314	286	**450 v**	2301	552	3168	757
360	1019	245	1746	385	907	218	1535	317	**500 o**	2613	627	3281	810
400	1307	314	2027	461	1144	275	1754	373	**500 v**	3168	760	3938	966
450	1702	408	2372	567	1494	359	2053	457	**550 o**	3263	783	3746	943
500	2194	527	2773	684	1946	467	2426	562	**550 v**	4205	1009	4847	1281
550	2787	669	3226	819	2475	594	2815	663	**600 o**	4471	1073	4722	1218
600	3512	843	3744	966	3141	754	3288	787	**600 v**	5324	1278	5611	1472

IPE	W_{pl} cm³	M_{pl} kNm	N_{pl} kN	Q_{pl} kN	IPE	W_{pl} cm³	M_{pl} kNm	N_{pl} kN	Q_{pl} kN	IPE	W_{pl} cm³	M_{pl} kNm	N_{pl} kN	Q_{pl} kN
750 x 137	4865	1168	4190	1173	**750** x 173	6218	1492	5312	1477	**750** x 210	7762	1863	6422	1656
147	5110	1226	4500	1346	185	6691	1606	5655	1533	222	8225	1974	6802	1763
161	5666	1360	4906	1413	196	7174	1722	6020	1610					

h	HE-AA				HE-A = IPBl				HE-B = IPB				HE-M = IPBv			
mm	W_{pl} cm³	M_{pl} kNm	N_{pl} kN	Q_{pl} kN	W_{pl} cm³	M_{pl} kNm	N_{pl} kN	Q_{pl} kN	W_{pl} cm³	M_{pl} kNm	N_{pl} kN	Q_{pl} kN	W_{pl} cm³	M_{pl} kNm	N_{pl} kN	Q_{pl} kN
100	58.4	14.0	374	49.8	83,0	19,9	510	61,0	104	25,0	625	74,8	236	56,6	1 278	166
120	84.1	20.2	445	60.2	119	28,7	608	73,4	165	39,7	816	98,2	351	84,1	1 594	206
140	124	29.7	552	72.7	173	41,6	754	94,9	245	58,9	1031	124	494	119	1 933	249
160	190	45.7	729	87.9	245	58,8	931	119	354	85,0	1302	163	675	162	2 329	305
180	258	62.0	877	111	325	78,0	1086	134	481	116	1566	196	883	212	2 718	354
200	347	83.3	1 059	136	429	103	1292	162	643	154	1874	231	1 135	272	3 151	405
220	445	107	1 235	163	568	136	1544	193	827	198	2185	269	1 419	341	3 587	460
240	571	137	1 449	194	745	179	1844	227	1 053	253	2544	309	2 117	508	4 790	594
260	714	171	1 655	211	920	221	2084	247	1 283	308	2843	336	2 524	606	5 883	642
280	873	210	1 872	246	1 112	267	2334	285	1 534	368	3153	381	2 966	712	5 764	710
300	1 065	256	2 134	283	1 383	332	2701	325	1 869	448	3578	428	4 078	979	7 274	876
320/305	–	–	–	–	–	–	–	–	–	–	–	–	2 927	702	5 402	645
320	1 196	287	2 270	321	1 628	391	2985	367	2 149	516	3872	477	4 435	1064	7 489	928
340	1 341	322	2 412	363	1 850	444	3203	413	2 408	578	4102	530	4 718	1132	7 580	981
360	1 495	359	2 559	408	2 088	501	3426	461	2 683	644	4335	585	4 989	1197	7 651	1033
400	1 824	438	2 825	480	2 562	615	3815	565	3 232	776	4747	703	5 571	1337	7 819	1141
450	2 183	524	3 049	570	3 216	772	4273	668	3 982	956	5231	823	6 331	1519	8 051	1275
500	2 576	618	3 285	666	3 949	948	4741	777	4 815	1155	5727	948	7 094	1703	8 263	1408
550	3 128	751	3 668	808	4 622	1109	5082	894	5 591	1342	6097	1083	7 933	1904	8 505	1548
600	3 623	870	3 937	924	5 350	1284	5435	1018	6 425	1542	6479	1224	8 772	2105	8 728	1688
650	4 160	998	4 218	1 046	6 136	1473	5799	1149	7 320	1757	6872	1372	9 657	2318	8 970	1827
700	4 840	1 162	4 583	1 176	7 032	1688	6251	1332	8 327	1999	7353	1574	10 539	2529	9 192	1967
800	6 225	1 494	5 244	1 459	8 699	2088	6860	1584	10 229	2454	8020	1860	12 488	2997	9 702	2252
900	7 999	1 920	6 054	1 767	10 811	2595	7693	1907	12 584	3020	8911	2217	14 442	3466	10 167	2532
1000	9 777	2 346	6 773	2 104	12 824	3078	8324	2193	14 855	3565	9601	2538	16 568	3976	10 661	2817

I	W_{pl} cm^3	M_{pl} kNm	N_{pl} kN	Q_{pl} kN
80	22,7	5,45	182	40,0
100	39,7	9,54	255	58,1
120	63,5	15,2	340	79,4
140	95,2	22,9	438	104
160	136	32,6	547	131
180	187	44,8	669	162
200	249	59,7	802	196
220	323	77,5	948	233
240	411	98,6	1106	274
260	513	123	1280	320
280	631	151	1464	371
300	761	183	1656	425
320	913	219	1865	482
340	1078	259	2080	544
360	1274	306	2328	613
380	1480	355	2567	682
400	1712	411	2826	755
425	2041	490	3175	852
450	2394	574	3527	956
475	2795	681	3908	1065
500	3235	776	4304	1180
550	4229	1015	5089	1369
600	5465	1312	6092	1699
HL 1000 AA	11877	2851	7892	2170
A	15797	3791	9812	2193
B	18326	4398	11329	2538
M	20440	4906	12581	2817
HX 1000 AA	13197	3167	8736	2367
A	18053	4333	11112	2394
B	20095	4823	12216	2538
M	22415	5380	13560	2817
R	24765	5943	14928	3098

HP	W_{pl} cm^3	M_{pl} kNm	N_{pl} kN	Q_{pl} kN
200 x 200 x 43	435	104	1299	238
53	551	132	1635	302
250 x 250 x 53	665	160	1618	292
62	793	190	1916	342
85	1096	263	2610	478
310 x 310 x 64	981	235	1958	357
79	1207	290	2393	439
93	1447	347	2853	526
110	1727	414	3377	624
125	1960	470	3810	710
360 x 370 x 84	1497	359	2576	457
108	1937	465	3304	591
132	2381	571	4037	725
152	2765	664	4653	839
174	3180	763	5316	963
360 x 410 x 104	1879	451	3197	552
122	2212	531	3742	648
140	2547	611	4286	745
158	2888	693	4833	843
176	3235	776	5384	942
194	3588	861	5939	1043
213	3947	947	6498	1144
231	4312	1035	7060	1247
HE 1100 A	14779	3547	8987	2641
B	16950	4068	10201	2949
M	18889	4533	11309	3256
R	21771	5225	13085	3866
HL 1100 A	18062	4335	10475	2641
B	20780	4987	11929	2949
M	23161	5559	13229	3256
R	26599	6384	15245	3866

HD	W_{pl} cm^3	M_{pl} kNm	N_{pl} kN	Q_{pl} kN
210 x 46	494	118	1397	186
52	567	136	1592	214
59	641	154	1789	243
71	805	193	2185	275
87	981	236	2664	377
100	1160	278	3070	412
310 x 143	2420	581	4377	582
179	3054	733	5483	782
227	3974	954	6944	974
283	5092	1222	8642	1201
343	6324	1518	10473	1484
415	7909	1898	12673	1790
454	8825	2118	13867	1942
500	9865	2368	15278	2195
360 x 134	2564	615	4109	539
148	2853	685	4520	565
162	3154	757	4962	616
179	3485	837	5484	715
400 x 187	3642	874	5703	715
216	4243	1018	6591	843
237	4727	1134	7250	898
262	5256	1262	8004	1004
288	5811	1395	8803	1136
314	6417	1540	9608	1222
347	7122	1709	10594	1385
383	7970	1913	11705	1530
422	8874	2130	12888	1703
463	9882	2372	14144	1857
509	10986	2637	15560	2094
551	12052	2892	16854	2282
593	13150	3156	18115	2420
634	14264	3423	19392	2589
678	15399	3696	20731	2813
734	17222	4133	22748	3092

Zusätzliche Rechenwerte S_y I_T C W_T (früher: S_x J_D C_M J_t W_t)

h mm	**IPE**			**IPEa**			**IPEo und IPEv**			
	S_y cm^3	I_T cm^4	C cm^6	S_y cm^3	I_T cm^4	C cm^6	**IPEo IPEv**	S_y cm^3	I_T cm^4	C cm^6
80	11,6	0,70	118	–	–	–	**180 o**	94,6	6,76	8 740
100	19,7	1,21	351	–	–	–	**200 o**	125	9,41	15 570
120	30,4	1,74	890	24,9	1,04	710	**220 o**	161	12,3	26 790
140	44,2	2,45	1 980	35,8	1,36	1 580	**240 o**	205	17,3	43 680
160	61,9	3,62	3 960	49,5	1,96	3 090	**270 o**	287	24,9	87 640
180	82,2	4,80	7 430	67,7	270	5 930	**300 o**	372	31,1	157 700
200	110	7,02	12 990	90,8	4,11	10 500	**330 o**	471	42,2	245 700
220	143	9,10	22 670	120	5,69	18 700	**360 o**	593	55,8	380 300
240	183	12,9	37 390	156	8,35	31 300	**400 o**	751	73,3	587 600
270	242	16,0	70 580	206	10,3	59 500	**400 v**	841	99,1	670 300
300	314	20,2	125 900	271	13,4	107 000	**450 o**	1023	109	997 600
330	402	28,3	199 100	351	19,6	172 000	**450 v**	1151	150	1 156 000
360	510	37,5	313 600	453	26,5	282 000	**500 o**	1306	143	1 548 000
400	654	51,4	490 000	572	34,8	432 000	**500 v**	1584	243	1 961 000
450	851	67,1	791 000	747	45,7	705 000	**550 o**	1632	188	2 302 000
500	1097	89,7	1 249 000	973	62,8	1 125 000	**550 v**	2102	380	3 095 000
550	1393	124	1 884 000	1237	86,5	1 710 000	**600 o**	2236	318	3 860 000
600	1756	166	2 846 000	1571	119	2 607 000	**600 v**	2662	512	4 813 000

h	HE-AA			HE-A = I PBI			HE-B = I PB			HE-M = I PBv		
	S_y	I_T	C	S_y	I_T	C	S_y	I_T	C	S_y	I_T	C
mm	cm^3	cm^4	cm^6	cm^3	cm^4	cm^6	cm^3	cm^4	cm^6	cm^3	cm^4	cm^6
100	29,2	2,51	1 680	41,5	5,26	2 581	52,1	9,29	3 375	118	68,5	9 925
120	42,1	2,78	4 240	59,7	6,02	6 472	82,6	13,9	9 410	175	92,0	24 790
140	61,9	3,54	10 200	86,7	8,16	15 060	123	20,1	22 480	247	120	54 330
160	95,2	6,33	23 800	123	12,3	31 410	177	31,4	47 940	337	163	108 100
180	129	8,33	46 400	162	14,9	60 210	241	42,3	93 750	442	204	199 300
200	174	12,7	84 500	215	21,1	108 000	321	59,5	171 100	568	260	346 300
220	223	15,9	146 000	284	28,6	193 300	414	76,8	295 400	710	316	572 700
240	285	23,0	240 000	372	41,7	328 500	527	103	486 900	1058	630	1 152 000
260	357	30,3	383 000	460	52,6	516 400	641	124	753 700	1262	722	1 728 000
280	437	36,2	590 000	556	62,4	785 400	767	144	1 130 000	1483	810	2 520 000
300	533	49,3	877 000	692	85,6	1 200 000	934	186	1 688 000	2039	1410	4 386 000
320/305	–	–	–	–	–	–	–	–	–	1463	600	2 903 000
320	598	55,9	1 041 000	814	108	1 512 000	1075	226	2 069 000	2218	1510	5 004 000
340	671	63,1	1 231 000	925	128	1 824 000	1204	258	2 454 000	2359	1510	5 585 000
360	748	71,0	1 444 000	1044	149	2 177 000	1341	293	2 883 000	2495	1510	6 137 000
400	912	84,7	1 948 000	1281	190	2 942 000	1616	357	3 817 000	2785	1520	7 410 000
450	1 092	95,6	2 572 000	1608	245	4 146 000	1991	442	5 258 000	3166	1530	9 252 000
500	1 288	108	3 304 000	1974	310	5 643 000	2407	540	7 018 000	3547	1540	11 187 000
550	1 564	134	4 338 000	2311	353	7 189 000	2795	602	8 856 000	3966	1560	13 516 000
600	1 812	150	5 381 000	2675	399	8 978 000	3213	669	10 965 000	4386	1570	15 908 000
650	2 080	168	6 567 000	3068	450	11 027 000	3660	741	13 363 000	4828	1580	18 650 000
700	2 420	195	8 155 000	3516	515	13 352 000	4164	833	16 064 000	5269	1590	21 398 000
800	3 112	257	11 450 000	4350	599	18 290 000	5114	949	21 840 000	6244	1650	27 775 000
900	3 999	335	16 260 000	5406	739	24 962 000	6292	1140	29 461 000	7221	1680	34 746 000
1000	4 888	403	21 280 000	6412	825	32 074 000	7428	1260	37 637 000	8284	1710	43 015 000

I	S_y cm^3	I_T cm^4	C cm^6
80	11,4	0,869	87,5
100	19,9	1,60	268
120	31,8	1,71	685
140	47,6	4,32	1 540
160	67,9	6,57	3 138
180	93,3	9,58	5 924
200	124	13,5	10 520
220	161	18,6	17 760
240	205	25,0	28 730
260	257	33,5	44 070
280	315	44,2	64 580
300	381	56,8	91 850
320	456	72,5	128 800
340	539	90,4	176 300
360	637	115	240 100
380	740	141	318 700
400	856	170	419 600
425	1021	216	587 500
450	1197	267	791 100
475	1398	329	1 067 000
500	1618	402	1 403 000
550	2115	544	2 389 000
600	2732	813	3 821 000
HL 1000 AA	5 940	483	50 430 000
A	7 900	1 020	76 030 000
B	9 160	1 570	89 210 000
M	10 220	2 130	101 500 000
HX 1000 AA	6 600	574	71 810 000
A	9 030	1 270	112 000 000
B	10 050	1 720	127 900 000
M	11 210	2 350	145 200 000
R	12 380	3 100	163 200 000

HP	S_y cm^3	I_T cm^4	C cm^6
200 x 200 x 43	217	17,7	117 900
53	276	34,2	155 100
250 x 250 x 53	332	23,3	336 500
62	396	37,0	414 100
85	548	89,3	605 400
310 x 310 x 64	491	28,9	861 800
79	603	50,3	1 089 000
93	723	82,5	1 340 000
110	863	133	1 646 000
125	980	188	1 911 000
360 x 370 x 84	749	44,2	2 243 000
108	968	89,0	2 999 000
132	1 190	158	3 795 000
152	1 380	237	4 532 000
174	1 590	349	5 326 000
360 x 410 x 104	940	76,0	3 194 000
122	1 110	119	3 860 000
140	1 270	175	4 534 000
158	1 440	248	5 241 000
176	1 620	339	5 982 000
194	1 790	450	6 759 000
213	1 970	584	7 574 000
231	2 160	743	8 425 000
HE 1100 A	7 390	839	39 110 000
B	8 480	1 250	45 850 000
M	9 440	1 700	52 360 000
R	10 890	2 530	61 250 000
HL 1100 A	9 000	1 040	92 710 000
B	10 390	1 560	108 700 000
M	11 580	2 130	123 500 000
R	13 300	3 130	143 400 000

HD	S_y cm^3	I_T cm^4	C cm^6
210 x 46	247	21,9	141 300
52	283	32,0	165 600
59	320	44,9	191 100
71	403	82,7	251 200
87	491	142	316 600
100	580	218	389 200
310 x 143	1 210	291	2 520 000
179	1 530	546	3 328 000
227	1 990	1 090	4 601 000
283	2 550	2 050	6 307 000
343	3 160	3 530	8 381 000
415	3 950	6 070	11 310 000
454	4 410	7 890	13 060 000
500	4 930	10 280	15 220 000
360 x 134	1 280	170	4 270 000
148	1 430	227	4 880 000
162	1 580	300	5 475 000
179	1 740	397	6 092 000
400 x 187	1 820	415	7 074 000
216	2 120	629	8 463 000
237	2 360	840	9 622 000
262	2 630	1 120	10 910 000
288	2 910	1 460	12 280 000
314	3 210	1 900	13 820 000
347	3 560	2 490	15 790 000
383	3 980	3 340	18 130 000
422	4 440	4 390	20 770 000
463	4 940	5 740	23 880 000
509	5 490	7 480	27 430 000
551	6 030	9 420	30 840 000
593	6 570	11 590	34 730 000
634	7 130	14 100	38 620 000
678	7 700	16 910	42 990 000
744	8 610	21 970	50 070 000

Kaltgefertigte Hohlprofile nach DIN 59 411

□	t mm	I_T cm⁴	W_T cm³
20	2	1,20	1,27
30	2	4,51	3,10
40	2	11,2	5,74
	3,2	16,4	8,54
	4	19,2	10,1
50	2	22,6	9,18
	3,2	33,7	13,9
	4	40,1	16,7
	5	46,2	19,4
60	2	39,7	13,4
	3,2	60,1	20,5
	4	72,2	24,8
	5	85,2	29,4
70	3,2	97,6	28,4
	4	118	34,6
	5	141	41,4
80	3,2	148	37,6
	4	180	46,0
	5	217	55,4
	6,3	259	66,7
90	3,2	213	48,1
	4	260	58,9
	5	316	71,4
	6,3	380	85,6
100	4	361	73,5
	5	440	89,4
	6,3	533	109
120	4	636	107
	5	780	131
	6,3	952	161
	8	1 156	197
140	4	1 022	148
	5	1 259	181
	6,3	1 545	224
	8	1 892	275
	10	2 245	327
150	5	1 558	209
	6,3	1 917	258
	8	2 355	319
	10	2 811	381
160	4	1 540	194
	5	1 901	239
	6,3	2 344	296
	8	2 887	366
	10	3 464	439
180	6,3	3 377	378
	8	4 177	470
	10	5 051	567
	12,5	6 010	680
200	6,3	4 676	471
	8	5 803	586
	10	7 055	711
	12,5	8 456	858
250	6,3	9 282	747
	8	11 580	934
	10	14 200	1141
	12,5	17 240	1389
300	8	20 290	1361
	10	25 000	1671
	12,5	30 530	2045
350	8	32 530	1868
	10	40 210	2301
	12,5	49 310	2827

▯	t mm	I_T cm⁴	W_T cm³
40 x 20	2	3,42	2,71
	2,6	4,11	3,32
50 x 30	2	9,72	5,34
	3,2	14,0	7,90
	4	16,2	9,32
60 x 40	2	20,7	8,78
	3,2	30,7	13,3
	4	36,3	15,9
	5	41,5	18,4
80 x 40	2	30,8	11,8
	3,2	46,0	18,0
	4	54,8	21,6
	5	63,6	25,4
90 x 50	3,2	80,8	25,9
	4	97,2	31,4
	5	115	37,4
100 x 60	3,2	128	35,1
	4	156	42,8
	5	187	51,4
	6,3	221	61,7
110 x 70	3,2	191	45,5
	4	233	55,7
	5	281	67,4
120 x 60	3,2	165	42,3
	4	200	51,8
	5	241	62,4
	6,3	287	75,2
120 x 80	4	330	70,3
	5	402	85,4
	6,3	485	104
140 x 80	4	413	82,7
	5	500	100
	6,3	605	122
150 x 100	4	661	112
	5	810	137
	6,3	988	168
	8	1 198	206
160 x 80	4	493	94,6
	5	601	115
	6,3	729	141
	8	875	172
180 x 100	4	853	135
	5	1 046	165
	6,3	1 279	203
	8	1 556	250
	10	1 828	295
200 x 100	4	984	150
	5	1 208	184
	6,3	1 478	227
	8	1 801	279
	10	2 122	331
200 x 120	4	1 344	182
	5	1 656	223
	6,3	2 035	276
	8	2 497	341
	10	2 978	407
250 x 150	5	3 293	354
	6,3	4 071	440
	8	5 038	546
	10	6 098	661
	12,5	7 269	795
260 x 180	6,3	5 837	554
	8	7 253	690
300 x 200	6,3	8 515	715
	8	10 610	894
	10	12 990	1091
	12,5	15 710	1327
400 x 200	8	15 800	1201
	10	19 380	1471
	12,5	23 520	1795

⌐L	I_T cm⁴	C cm⁶
30	0,306	9,78
40	0,473	25,9
50	0,714	60,3
60	0,923	114
80	1,78	355
100	2,86	883
120	4,37	1920
140	6,87	3810
160	9,66	6940

Asymmetrische I-Profile
I_T und C siehe Seite 17
Kranschienen I_T siehe Seite 19
Rund-Hohlprofile
$I_T = 2\,I$ $W_T = 2\,W$ s. Seite 22
Kaltprofile I_T und C s. Seite 27

Warmgefertigte Hohlprofile nach DIN 59 410

□	t mm	I_T cm⁴	W_T cm³
40	2,9	15,0	7,97
	4	19,0	10,3
50	2,9	30,7	12,9
	4	39,5	16,9
60	2,9	54,5	18,9
	4	71,2	25,1
	5	84,5	30,2
70	3,2	96,3	28,5
	4	116	34,8
	5	139	42,2
80	3,6	162	42,0
	4,5	196	51,3
	5,6	234	61,9
90	3,6	234	53,7
	4,5	284	65,8
	5,6	341	79,7
100	4	357	73,7
	5	433	90,2
	6,3	525	111
120	4,5	702	120
	5,6	852	146
	6,3	942	163
140	5,6	1 380	202
	7,1	1 690	250
	8,8	2 030	302
160	6,3	2 330	297
	8	2 880	368
	10	3 470	446
180	6,3	3 360	379
	8	4 160	471
	10	5 040	574
200	6,3	4 660	472
	8	5 780	588
	10	7 020	718
220	6,3	6 250	574
	8	7 770	717
	10	9 470	878
260	7,1	11 660	907
	8,8	14 200	1110
	11	17 350	1360
280	8	16 350	1180
	10	20 060	1450
	12,5	24 460	1780
320	8	30 300	1920
	10	37 080	2360
	12,5	46 030	2940
360	10	43 540	2450
	12,5	53 430	3010
	16	66 580	3770
400	12,5	73 980	3750
	16	92 470	4700
	20	112 400	5750

▯	t mm	I_T cm⁴	W_T cm³
50 x 30	2,9	12,9	7,39
	4	16,2	9,54
60 x 40	2,9	28,0	12,3
	4	35,9	16,1
70 x 40	2,9	34,9	14,4
	4	44,9	19,0
80 x 40	2,9	42,0	16,6
	4	54,2	21,9
	5	63,6	26,2
90 x 50	3,2	79,8	26,0
	4	95,9	31,6
	5	114	38,2
100 x 50	3,6	102	32,2
	4,5	122	39,1
	5,6	144	46,9
100 x 60	3,6	141	39,1
	4,5	169	47,7
	5,6	201	57,4
120 x 60	4	199	51,9
	5	239	63,1
	6,3	286	76,6
140 x 80	4	408	82,6
	5	496	101
	6,3	601	124
160 x 90	4,5	672	119
	5,6	814	145
	7,1	991	179
180 x 100	5,6	1 150	184
	7,1	1 410	227
	8,8	1 680	272
200 x 120	6,3	2 030	277
	8	2 490	342
	10	2 990	414
220 x 120	6,3	2 320	305
	8	2 850	378
	10	3 420	458
260 x 140	6,3	3 800	426
	8	4 700	530
	10	5 690	646
260 x 180	7,1	5 820	554
	8,8	7 220	692
	11	8 790	846
280 x 180	7,1	7 210	669
	8,8	8 740	815
	11	10 620	995
280 x 220	8	11 180	921
	10	13 670	1130
	12,5	16 600	1380
320 x 180	8,8	10 550	935
	10	11 800	1050
	12,5	14 280	1280
320 x 220	8,8	14 810	1150
	10	16 610	1300
	12,5	20 120	1590
360 x 220	10	19 640	1470
	12,5	23 920	1800
	16	29 460	2230
400 x 260	11	32 930	2130
	14,2	41 300	2680
	17,5	49 350	3230

U	S_y cm³	I_T cm⁴	C cm⁶
80	15,9	2,16	168
100	24,5	2,81	414
120	36,3	4,15	900
140	51,4	5,68	1 800
160	68,8	7,39	3 260
180	89,6	9,55	5 570
200	114	11,9	9 070
220	146	16,0	14 600
240	179	19,7	22 100
260	221	25,5	33 300
280	266	31,0	48 500
300	316	37,4	69 100
320	413	66,7	96 100
350	459	61,2	114 000
380	507	59,1	146 000
400	618	81,6	221 000

IPE 750	S_y cm³	I_T cm⁴	C cm⁶
137	2 433	137	6 980 000
147	2 555	162	7 141 000
161	2 833	212	8 259 000
173	3 109	274	9 391 000
185	3 345	337	10 320 000
196	3 587	409	11 290 000
210	3 881	514	12 530 000
222	4 113	605	13 400 000

Verbindungsmittel

Schrauben für Stahlkonstruktionen
DIN 7990 Sechskantschrauben mit Sechskantmuttern (Ausgabe Oktober 1989)
DIN 7968 Sechskant-Paßschrauben ohne Mutter, mit Sechskantmutter (Ausgabe Oktober 1989)
DIN 7999 Sechskant-Paßschrauben, hochfest, mit großen Schlüsselweiten (Ausgabe Dezember 1983)
DIN 7969 Senkschrauben mit Schlitz, ohne Mutter, mit Sechskantmutter, *nur bis M 24* (Ausgabe Oktober 1989)
DIN 555 Sechskantmuttern, Metrisches Gewinde (Ausgabe Oktober 1987)
DIN 7989 Scheiben für Stahlkonstruktionen (Ausgabe Juli 1974)

Niete DIN 101 Niete, Technische Lieferbedingungen (Ausgabe Juli 1977); DIN 124 Halbrundniete, Nenndurchmesser 10 bis 36 mm (Ausgabe Juli 1977); DIN 302 Senkniete, Nenndurchmesser 10 bis 36 mm (Ausgabe Juli 1977)

Abmessungen für Schrauben M 12 bis M 30 Maße in mm

	Bezeichnung		M 12	M 16	M 20	M 22	M 24	M 27	M 30
DIN 7990 und DIN 7968	Gewindedurchmesser	d_1	12	16	20	22	24	27	30
	Maß über Eck	e_{min}	20,88	26,17	32,95	35,03	39,55	45,20	50,85
	Kopfhöhe	k	8	10	13	14	15	17	19
	Mutterhöhe	m	10	13	16	18	19	22	24
	Schlüsselweite	s	19	24	30	32	36	41	46
DIN 7990	Klemmlänge	max.	99	125	147	170	168	165	163
	Lochdurchmesser	d_2	13	17	21	23	25	28	31
	Spannungsquerschnitt	mm^2	84,3	157	245	303	353	459	561
	Kernquerschnitt	mm^2	76,3	144	225	282	324	427	519
	Schaftquerschnitt	mm^2	113	201	314	380	452	573	707
DIN 7968	Klemmlänge	max.	99	135	152	170	168	165	163
	Schaftdurchmesser	d_2	13	17	21	23	25	28	31
DIN 7989	Lochdurchmesser der Scheibe	d_1	14	18	22	24	26	30	33
	Scheibendurchmesser	d_2	24	30	37	39	44	50	56
	Dicke der Scheibe		8	8	8	8	8	8	8

Klemmlängen

der Schrauben nach DIN 7990 und DIN 7968
Maße in mm

Länge	M 12	M 16	M 20	M 22	M 24	M 27	M 30
30	5-9	–	–	–	–	–	–
35	10-14	6-10	–	–	–	–	–
40	15-19	11-15	8-12	6-10	–	–	–
45	20-24	16-20	13-17	11-15	9-13	–	–
50	25-29	21-25	18-22	16-20	14-18	–	–
55	30-34	26-30	23-27	21-25	19-23	–	–
60	35-39	31-35	28-32	26-30	24-28	21-25	–
65	40-44	36-40	33-37	31-35	29-33	26-30	–
70	45-49	41-45	38-42	36-40	34-38	31-35	–
75	50-54	46-50	43-47	41-45	39-43	36-40	–
80	55-59	51-55	48-52	46-50	44-48	41-45	39-43
85	60-64	56-60	53-57	51-55	49-53	46-50	44-48
90	65-69	61-65	58-62	56-60	54-58	51-55	49-53
95	70-74	66-70	63-67	61-65	59-63	56-60	54-58
100	75-79	71-75	68-72	66-70	64-68	61-65	59-63
105	80-84	76-80	73-77	71-75	69-73	66-70	64-68
110	85-89	81-85	78-82	76-80	74-78	71-75	69-73
115	90-94	86-90	83-87	81-85	79-83	76-80	74-78
120	95-99	91-95	88-92	86-90	84-88	81-85	79-83
125	–	96-100	93-97	91-95	89-93	86-90	84-88
130	–	101-105	98-102	96-100	94-98	91-95	89-93
135	–	106-110	103-107	101-105	99-103	96-100	94-98
140	–	111-115	108-112	106-110	104-108	101-105	99-103
145	–	116-120	113-117	111-115	109-113	106-110	104-108
150	–	121-125	118-122	116-120	114-118	111-115	109-113
155	–	–	123-127	121-125	119-123	116-120	114-118
160	–	–	128-132	126-130	124-128	121-125	119-123
165	–	–	133-137	131-135	129-133	126-130	124-128
170	–	–	138-142	136-140	134-138	131-135	129-133
175	–	–	143-147	141-145	139-143	136-140	134-138
180	–	–	–	146-150	144-148	141-145	139-143
185	–	–	–	151-155	149-153	146-150	144-148
190	–	–	–	156-160	154-158	151-155	149-153
195	–	–	–	161-165	159-163	156-160	154-158
200	–	–	–	166-170	164-168	161-165	159-163

Sechskantschrauben mit großen Schlüsselweiten für HV-Verbindungen in Stahlkonstruktionen

DIN 6914 Sechskantschrauben mit großen Schlüsselweiten
DIN 6915 Sechskantmuttern mit großen Schlüsselweiten
DIN 6916 Runde Scheiben
} (Ausgabe Oktober 1989)
DIN 6917 Vierkant-Scheiben für I-Profile
DIN 6918 Vierkant-Scheiben für U-Profile (Ausgabe April 1990)

Abmessungen der hochfesten Schrauben und der zugehörigen Scheiben

Maße in mm

		Bezeichnung		M 12	M 16	M 20	M 22	M 24	M 27	M 30	M 36
Schrauben und Muttern		Gewindedurchmesser	d	12	16	20	22	24	27	30	36
		Maß über Eck	e_{min}	23,91	29,56	35,03	39,55	45,20	50,85	55,37	66,44
		Kopfhöhe	k	8	10	13	14	15	17	19	23
		Mutterhöhe	m	10	13	16	18	19	22	24	29
		Schlüsselweite	s	22	27	32	36	41	46	50	60
Scheiben	rund	Innendurchmesser	d_1	13	17	21	23	25	28	31	37
		Außendurchmesser	d_2	24	30	37	39	44	50	56	66
		Scheibendicke	s	3	4	4	4	4	5	5	6
	vierkant mit Neigung der Unterseite	Innendurchmesser	d	13	17	21	23	25	28	31	37
		Länge der dickeren Seite	a	26	32	40	44	56	56	62	68
		Länge senkrecht zu a	b	30	36	44	50	56	56	62	68
		Scheibendicke bei 14 % für I	s_1	6,2	7,5	9,2	10	10,8	10,8	11,7	12,5
			s_2	2	2,5	3	3	3	3	3	3
		Scheibendicke bei 8 % für U	s_1	4,9	5,9	7	8	8,5	8,5	9	9,4
			s_2	2,5	3	3,5	4	4	4	4	4

Klemmlängen

der hochfesten Schrauben nach DIN 6914

Maße in mm

Länge	M 12	M 16	M 20	M 22	M 24	M 27	M 30	M 36
30	6–10	–	–	–	–	–	–	–
35	11–15	–	–	–	–	–	–	–
40	16–20	10–14	–	–	–	–	–	–
45	21–23	15–19	10–14	–	–	–	–	–
50	24–28	20–24	15–19	14–18	–	–	–	–
55	29–33	25–29	20–24	19–23	–	–	–	–
60	34–38	30–34	25–29	24–28	22–26	–	–	–
65	39–43	35–39	30–34	29–33	27–31	–	–	–
70	44–48	40–44	35–39	34–38	32–36	28–32	24–28	–
75	49–53	45–47	40–44	39–43	37–41	33–37	29–33	–
80	54–58	48–52	45–49	44–48	42–46	38–42	34–38	–
85	59–63	53–57	50–54	49–53	47–51	43–47	39–43	31–35
90	64–68	58–62	55–57	54–56	52–53	48–52	44–48	36–40
95	69–73	63–67	58–62	57–61	54–58	53–57	49–53	41–45
100	–	68–72	63–67	62–66	59–63	58–60	54–56	46–48
105	–	73–77	68–72	67–71	64–68	61–65	57–61	49–53
110	–	78–82	73–77	72–76	69–73	66–70	62–66	54–58
115	–	83–87	78–82	77–81	74–78	71–75	67–71	59–63
120	–	88–92	83–87	82–86	79–83	76–80	72–76	64–68
125	–	93–97	88–92	87–91	84–88	81–85	77–81	69–73
130	–	98–102	93–97	92–96	89–93	86–90	82–86	74–78
135	–	–	98–102	97–101	94–98	91–95	87–91	79–83
140	–	–	103–107	102–106	99–103	96–100	92–96	84–88
145	–	–	108–112	107–111	104–108	111–105	97–101	89–93
150	–	–	113–117	112–116	109–113	106–110	102–106	94–98
155	–	–	118–122	117–121	114–118	111–115	107–111	99–103
160	–	–	–	122–127	119–123	116–120	112–116	104–108
165	–	–	–	128–131	124–128	121–125	117–121	109–113
170	–	–	–	–	129–133	126–130	122–126	114–118
175	–	–	–	–	134–138	131–135	127–131	119–123
180	–	–	–	–	139–143	136–140	132–136	124–128
185	–	–	–	–	144–148	141–145	137–141	129–133
190	–	–	–	–	149–153	146–150	142–146	134–138
195	–	–	–	–	154–158	151–155	147–151	139–143
200	–	–	–	–	–	156–160	152–156	144–148

Symbole für Schweißnähte

nach DIN 1912 Teil 5 mit Beiblatt 1, Ausgabe Dezember 1987

Diese Norm basiert auf der internationalen Norm ISO 2553-1984. Ihre Angaben dienen dazu, bei Anwendung der Symbole die Zeichnungen einheitlich und übersichtlich zu gestalten sowie die Zeichenarbeit zu vereinfachen, da sich gesonderte Zeichnung und Vermaßung der Nähte dann erübrigen.
Für die verschiedenen (Löt- und) Schweißverbindungen sind Symbole festgelegt, und zwar 19 **Grundsymbole** für die Nahtarten, 3 **Zusatzsymbole** für die Nahtoberflächenformen und 2 **Ergänzungssymbole** für Besonderheiten der Naht, nämlich für ringsum verlaufende Nähte und Baustellennähte. **Zusammengesetzte Symbole** entstehen aus der Kombination von 2 Grundsymbolen oder von Grund- und Zusatzsymbol. Die nachstehende Zusammenstellung enthält 8 für den Stahlbau besonders wichtige Grundsymbole sowie die Zusatz- und Ergänzungssymbole, außerdem 6 Beispiele zusammengesetzter Symbole. Die Illustration kennzeichnet jeweils die Lage der Naht.

	Benennung	Illustration	Symbol
Grundsymbole für Nahtarten	I-Naht		
	V-Naht		
	HV-Naht		
	HY-Naht		
	Gegennaht (Gegenlage)		
	Punktnaht	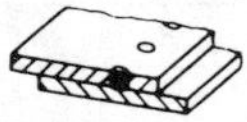	
	Steilflankennaht	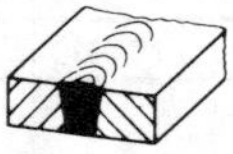	
	Kehlnaht		
Zusatz-symbole	Oberfläche hohl (konkav)		
	Oberfläche flach (eben)		
	Oberfläche gewölbt (konvex)		

	Benennung	Illustration	Symbol
Zusammengesetzte Symbole	D(oppel)-V-Naht (X-Naht)		
	D(oppel)-HV-Naht (K-Naht)	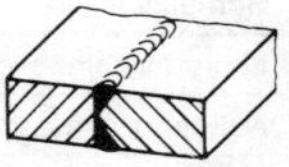	
	D(oppel)-HY-Naht (K-Stegnaht)	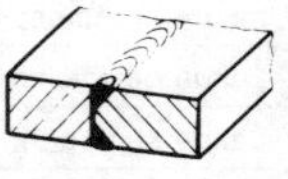	
	V-Naht mit Gegennaht		
	Hohle Kehlnaht	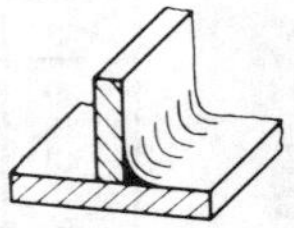	
	Doppel-Kehlnaht	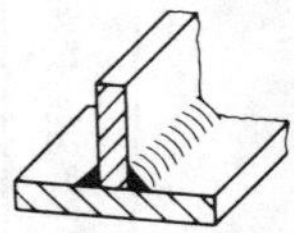	

Ergänzungs-symbole	ringsum verlaufende Nähte	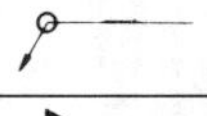
	Baustellennähte	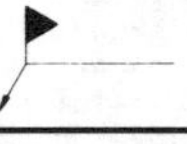

Bezugszeichen

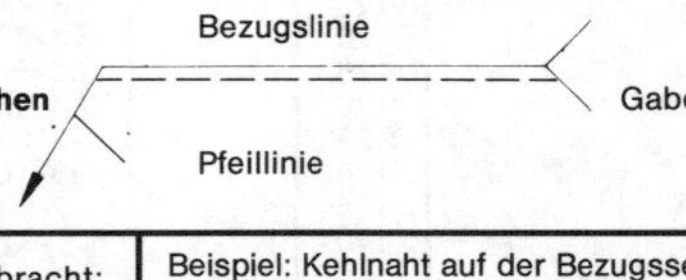

Das Symbol wird mittels eines **Bezugszeichens** in die Zeichnung eingebracht; Symbol und Bezugszeichen gemeinsam charakterisieren Art und Ort der Schweißnaht. Das Bezugszeichen besteht seinerseits aus **Bezugslinie** und **Pfeillinie.** Die Bezugslinie besteht aus einer Vollinie und einer Strichlinie; sie soll waagrecht (parallel zur Zeichnungshauptachse) verlaufen; ist dies nicht möglich, ist sie senkrecht anzuordnen. Die Pfeillinie führt von der Bezugslinie schräg zur Bezugsseite des Stoßes. Zusätzliche Angaben, so z. B. über Verfahren, Zusatzwerkstoffe, Hilfsstoffe etc. werden innerhalb einer am Ende der Bezugslinie hierfür anzubringenden **Gabel** vermerkt.

Das Symbol steht senkrecht zur Bezugslinie; ist es auf die Seite der Vollinie gesetzt, befindet sich die Nahtoberfläche auf der Pfeilseite des Stoßes; ist das Symbol auf die Seite der Strichlinie gesetzt, befindet sich die Nahtoberfläche auf der Gegenseite des Stoßes. Die Norm enthält zahlreiche Anwendungsbeispiele.

Beispiel: Kehlnaht auf der Bezugsseite

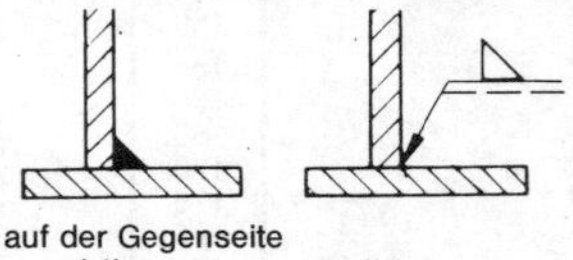

auf der Gegenseite

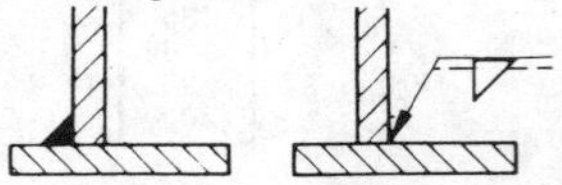

Tragfähigkeit der Schweißnähte

Die Tragfähigkeit einer Schweißverbindung, die nur durch eine Längskraft oder eine Querkraft beansprucht ist, ergibt sich zu $P = F \cdot \sigma_{zul}$. Dabei ist P = Längskraft N oder P = Querkraft Q, $F = \Sigma\,(a \cdot l)$. Die zulässigen Schweißnahtspannungen für die verschiedenen Stahlsorten, Lastfälle, Nahtarten, Nahtgüten und Spannungsarten sind aus DIN 18 800 Teil 1 (Ausgabe März 1981), Tabelle 11, (siehe Seite 46) zu entnehmen. – Hinweis auf DIN 18 800 Teil 1 (Ausgabe November 1990) siehe Seite 42

Tragfähigkeit in kN für 10 mm Schweißnahtlänge

Schweiß-nahtdicke a in mm	Stahlsorte St 37				Stahlsorte St 52			
	Zulässige Schweißnahtspannung in N/mm²				Zulässige Schweißnahtspannung in N/mm²			
	135	150	160	180	170	190	240	270
3	4,05	4,50	4,80	5,40	5,10	5,70	7,20	8,10
4	5,40	6,00	6,40	7,20	6,80	7,60	9,60	10,80
5	6,75	7,50	8,00	9,00	8,50	9,50	12,00	13,50
6	8,10	9,00	9,60	10,80	10,20	11,40	14,40	16,20
7	9,45	10,50	11,20	12,60	11,90	13,30	16,80	18,90
8	10,80	12,00	12,80	14,40	13,60	15,20	19,20	21,60
9	12,15	13,50	14,40	16,20	15,30	17,10	21,60	24,30
10	13,50	15,00	16,00	18,00	17,00	19,00	24,00	27,00
11	14,85	16,50	17,60	19,80	18,70	20,90	26,40	29,70
12	16,20	18,00	19,20	21,60	20,40	22,80	28,80	32,40
13	17,55	19,50	20,80	23,40	22,10	24,70	31,20	35,10
14	18,90	21,00	22,40	25,20	23,80	26,60	33,60	37,80
15	20,25	22,50	24,00	27,00	25,50	28,50	36,00	40,50
16	21,60	24,00	25,60	28,80	27,20	30,40	38,40	43,20
17	22,95	25,50	27,20	30,60	28,90	32,30	40,80	45,90
18	24,30	27,00	28,80	32,40	30,60	34,20	43,20	48,60
19	25,65	28,50	30,40	34,20	32,30	36,10	45,60	51,30
20	27,00	30,00	32,00	36,00	34,00	38,00	48,00	54,00
24	32,40	36,00	38,40	43,20	40,80	45,60	57,60	64,80
30	40,50	45,00	48,00	54,00	51,00	57,00	72,00	81,00
35	47,25	52,50	56,00	63,00	59,50	66,50	84,00	94,50
40	54,00	60,00	64,00	72,00	68,00	76,00	96,00	108,00
45	60,75	67,50	72,00	81,00	76,50	85,50	108,00	121,50
50	67,50	75,00	80,00	90,00	85,00	95,00	120,00	135,00

Nach DIN 1080 Teil 4 lauten die Formelzeichen
A_W Querschnittsfläche der Schweißnaht — a_W Schweißnahtdicke — l_W Schweißnahtlänge

Kopfbolzen und Gewindebolzen

DIN 32 500 Teil 3 – Bolzen für Bolzenschweißen mit Hubzündung, Betonanker und **Kopfbolzen** (Ausgabe Januar 1979)
Maße in mm

Nenndurchmesser = Schaftdurchmesser	d_1	13	16	19	22
Kopfdurchmesser	d_2	25	32	32	35
Kopfhöhe	k	8	8 bis 13	8 bis 13	8 bis 13
Schweißwulstdurchmesser	d_3	17	21	26	30
Schweißwulsthöhe	h_{max}	5	7	9	10
Länge nach dem Schweißen	l_2	75 bis 125	75 bis 100	75 bis 150	100 bis 175

DIN 32 500 Teil 1 – Bolzen für Bolzenschweißen mit Hubzündung. **Gewindebolzen** (Ausgabe Februar 1975)
Maße in mm

Nenndurchmesser = Gewindedurchmesser	d_1	M 6	M 8	M 10	M 12	M 16	M 20	M 24
Schweißwulstdurchmesser	d_3	8,2	9,9	12,5	14,5	18,5	22,3	30
Schweißwulsthöhe	h_{max}	2,8	3	3	4,5	5,8	7	10
Spannungsquerschnitt*)	mm	20,1	36,6	58,0	84,3	157	245	353

*) vgl. DIN 13 Teil 28 Metrisches ISO-Gewinde (Ausgabe September 1975)

Stähle für den Stahlbau

Bei allen Hinweisen auf genormte Werkstoffe für den Stahlbau sind die im Vergleich zur 17. Auflage der „Stahlbau-Profile“ schon sehr weitgehenden Änderungen zu beachten, die sich aus der fortschreitenden Übernahme der Europäischen Normen (EN) in das nationale Normenwerk (DIN EN) ergeben. Für die meisten der auf Seite 39 angeführten Normen läßt sich der Stand dieser bereits vollzogenen oder in Kürze zu erwartenden Umwandlung aus folgender Tabelle entnehmen.

Stahlsorten bzw. Erzeugnisformen	derzeitige/bisherige Norm		Ist/wird ersetzt durch		
	DIN	Ausgabe	DIN	Endgültige Ausgabe	Entwurf Ausgabe*)
Allgemeine Baustähle	17 100	01.80	EN 10 025	01.91	–
Feinkornbaustähle	17 102	10.83	EN 10 113, Teile 1 bis 3		09.90
Wetterfeste Baustähle	SEW 087	01.81	EN 10 155		04.91
Nichtrostende Stähle	17 440, 17 441	07.85	EN 10 088		
Vergütungsstähle	17 200	03.87	EN 10 083	10.91	
Hohlprofile, warmgefertigt, (rund, quadr., rechteckig) (Baustähle, Feinkornstähle)	17 100, 17 120 17 121, 17 123 17 124, 17 125	01.80, 06.84 06.84, 05.86 05.86	EN 10 210, Teil 1		02.91
Hohlprofile, kaltgefertigt (wie warmgefertigt)	17 119	06.84	EN 10 219, Teil 1		(Juni 92)

*) Angaben in Klammern sind geschätzte Ausagabedaten

In der Tabelle auf Seite 39 wurden bei den allgemeinen Baustählen noch die Kurznamen und Werkstoffnummern aus der früheren DIN 17 100 beibehalten, da die Verhandlungen über das zukünftige europäische System der Bezeichnung von Stählen noch nicht abgeschlossen sind. Alle Eigenschaftsangaben sind auf die derzeit gültige Ausgabe der zitierten Normen ausgerichtet, bei den allgemeinen Baustählen also auf DIN EN 10 025, in allen anderen Fällen auf die oben erwähnten DIN-Normen.

Stähle für **Blech und Band** siehe Seite 28 und 29. Stähle für **Kranschienen** siehe Seite 19.

Zum **Schweißen** geeignet sind die Stähle der DIN EN 10 025 von St 37-2 bis einschließlich St 52-3 (mit Einschränkung auch St 33). Dabei sind bei gleicher Mindeststreckgrenze die Stähle der Gütegruppe 3 denen der Gütegruppe 2 vorzuziehen und innerhalb der Gütegruppe 2 die beruhigten Stähle gegenüber den unberuhigten zu bevorzugen. Für die Lieferung von St 52-3 können Zusatzbedingungen vereinbart werden. – Technische Lieferbedingungen für Erzeugnisse aus schweißgeeigneten Feinkornbaustählen enthält DIN 17 102; die DASt-Richtlinie 011 behandelt die Anwendung der hochfesten Feinkornbaustähle StE 460 und StE 690 für Stahlbauten (s. S. 39, 43 und 48). – Angaben über das Schweißen nichtrostender Stähle (auch zur Verbindung mit anderen Stahlsorten) enthält die Zulassung des IfBt (Z – 30.44.1). – Zur Wahl der Stahlgütegruppen für geschweißte Stahlbauten sind in der DASt-Richtlinie 009 Empfehlungen gegeben (s. S. 43).

Nichtrostende Stähle für das Bauwesen mit ausführlichen Angaben über lieferbare Warmprofile und Kaltprofile sowie geschweißte Rund-, Quadrat- und Rechteckrohre sind in einer umfangreichen Broschüre der Informationsstelle Edelstahl Rostfrei, Postfach 10 22 05, 4000 Düsseldorf 1, zusammengestellt.

Werkstoff	Elastizitätsmodul *E* N/mm²	Schubmodul *G* N/mm²	Wärmedehnzahl α_t (linear) cm/cm · °C (= m/m · K)
Stahl (auch hochwertiger Baustahl, Stahlguß und Vergütungsstahl) . . .	210 000	81 000	0.000 012
Nichtrostender Stahl *(Ang. lt. Zul. des IfBt vom 1. 2. 1989)*	170 000	64 000	0.000 016
Gußeisen mit Lamellengraphit (Grauguß)	100 000	38 000	0.000 010

*) Eigenschaften von Schrauben und Muttern aus **nichtrostenden** Stählen, siehe DIN 267 Teil 11 (Ausgabe Januar 1980).
Feuerverzinkte Schrauben und Muttern, siehe DIN 267 Teil 10 (Ausgabe Januar 1988).

**) Die erste Zahl der Festigkeitsklasse gibt 1/100 der Nenn-Zugfestigkeit, die zweite Zahl das 10fache des Verhältnisses der Nenn-Streckgrenze zur Nenn-Zugfestigkeit an. Die Multipli-kation beider Zahlen ergibt ein Zehntel der Nenn-Streckgrenze in N/mm².

Eigenschaften fertiger **Schrauben** nach DIN ISO 898 Teil 1 (Ausg. Januar 1989) und zugehörige **Muttern** nach DIN 267 Teil 4 (Ausgabe August 1983) *)

Festigkeitsklassen der Schrauben **)	**Zugfestigkeit** N/mm² Nenn-	**Zugfestigkeit** N/mm² Mindest-	**Streckgrenze** N/mm² Nenn-	**Streckgrenze** N/mm² Mindest-	Mindest-**Bruchdehnung** $L_0 = 5\ d_0$ %	Festigkeitsklassen der zugehörigen Muttern
3.6	300	330	180	190	25	5
4.6	400	400	240	240	22	5
5.6	500	500	300	300	20	5
5.8	500	520	400	420	10	5
8.8	800	830	640	660	12	8
10.9	1000	1040	900	940	9	10

Stahlsorte [1]	Kurzname	Werkstoffnummer	Desoxidationsart [2]	Zugfestigkeit [3] N/mm²	Mind.-Streckgrenze [5] N/mm²	Mind.-Bruchdehnung $L_0 = 5\ d_0$ [8] %	Kerbschlagarbeit [6] min. 27 J. bei	Bemerkungen
Allgemeine Baustähle nach DIN EN 10 025, Ausgabe Januar 1991	St 33 [4]	1.0035	freigestellt	290–510	185	18	-	1) Kurznamen und Werkstoffnummern nach DIN 17 100, Ausg. 01. 1980 (siehe S. 38) 2) U unberuhigt, R beruhigt (einschl. halbberuhigt) RR besonders beruhigt 3) Für Erzeugnisdicken von 3 bis einschl. 100 mm; für kleinere Dicken höhere Werte; für Dicken über 100 mm bis 250 mm um 10 bis 50 N/mm² niedrigere Werte.
	St 37-2 [4]	1.0037	freigestellt	340–470	235	26	+ 20 °C	4) Nur in Nenndicken ≤ 25 mm lieferbar.
	USt 37-2 [4]	1.0036	U	340–470	235	26	+ 20 °C	5) Für Dicken bis 16 mm. Für > 16 bis ≤ 40 um 10 N/mm², für > 40 bis ≤ 63 um 20 N/mm² niedriger. Für Dicken > 63 bis ≤ 80, > 80 bis ≤ 100, > 100 bis 150, > 150 bis 200 und > 200 bis 250 mm je um weitere 10 N/mm² niedriger. (Ausnahme s. Bemerkung [7]).
	RSt 37-2 St 37-3	1.0038 1.0116	R RR	340–470	235 [7]	26	+ 20 °C - 20 °C	6) iso-Spitzkerb-Längsproben
	St 44-2 St 44-3	1.0044 1.0144	R RR	410-560	275	22	+ 20 °C - 20 °C	7) Für Dicken > 40 bis ≤ 100 gilt 215 N/mm²
	St 52-3 [9]	1.0570	RR	490-630	355	22	- 20 °C	8) Die Werte gelten für Längsproben an Erzeugnisdicken von ≥ 3 bis ≤ 40 mm. Für Querproben sowie für kleinere und größere Dicken gelten niedrigere Werte.
	St 50-2	1.0050	R	470-610	295	20	-	9) DIN EN 10 025 enthält in diesem Festigkeitsbereich folgende weitere Stahlsorten:
	St 60-2	1.0060	R	570-710	335	16	-	Fe 510 B (Kerbschlagarbeit aK: 27 J bei + 20 °C)
	St 70-2	1.0070	R	690-830	360	11	-	Fe 510 C (aK: 27 J bei 0 °C) Fe 510 DD (aK: 40 J bei - 20 °C).
Hochfeste schweißgeeignete Feinkornbaustahle	StE 460 TStE 460 (normalgeglüht)	1.8905 1.8915	n. DASt-Ri 011 Ausg. Febr. 1988 und DIN 17 102 Ausg. Okt. 1983 Flach- u. Profilerzeugnisse, Rohre und Hohlprofile [10]	560–730 [11]	460 450 440 430	17	für Dicken ≤ 16 > 16 ≤ 35 > 35 ≤ 50 > 50 ≤ 60	10) Für Rohre und Hohlprofile siehe DIN 17 123, 17 124 und 17 125, Ausgabe Mai 1986
	StE 690 (vergütet)	1.8928		790–940	690	16	für Dicken ≤ 50	11) Für Dicken ≤ 60 mm
Stähle für Rohre (Hohlprofile)	USt 37-2 [12] RST 37-2 St 37-3	1.0036 1.0038 1.0116	nach DIN 17 100 Ausg. Jan. 1980 DIN 17 119 DIN 17 120 [13] DIN 17 121 [13] Ausg. Juni 1984	340–470	[14] 235	26		12) Bei Rohren: nicht bei nahtlosen (DIN 17121), bei geschweißten (DIN 17120) nur bei Wanddicken ≤ 16 mm.
	St 44-2 St 44-3	1.0044 1.0144		410–540	275	22		13) Die Werte sind bei der Bestellung zu vereinbaren bei Wanddicken über 40 mm (DIN 17120) bzw. über 65 mm (DIN 17121).
	St 52-3	1.0570		490–630	355	22		14) Die Bemerkungen [5] und [7] beachten.
Nichtrostende Stähle	X5 CrNi 18 10 X6 CrNiTi 18 10 X5 CrNiMo 17 12 2 X6 CrNiMoTi 17 12 2	1.4301 1.4541 1.4401 1.4571	nach DIN 17 440 Ausg. Juli 1985	500–700 500–730 510–710 500–730	195 [15] 200 [15] 205 [15] 210 [15]	40*) 35*) 40*) 35*)		15) 0,2 %-Dehngrenze bei Raumtemperatur *) Gültig für Längs- und Querproben aus Flacherzeugnissen von 3 bis 75 mm Dicke.
Stähle für Schrauben, Muttern u. Niete	USt 36 RSt 38	1.0203 1.0223	nach DIN 17 111 Ausgabe September 1980	330–430 370–460	205 [16] 225 [16]	30 25		16) Für Dicken bis 16 mm. Für > 16 bis ≤ 40 mm sind um 10 N/mm² niedrigere Mindestwerte zulässig.
Vergütungsstähle	C 35	1.0501	nach DIN 17 200 Ausgabe März 1987	630–780 600–750 550–700	430 370 320	17 19 20		f. Dicken b. ≤ 16 mm n. Vergütung f. Dicken > 16 b. ≤ 40 mm f. Dicken > 40 b. ≤ 100 mm
	C 35 N	1.0501		490–640	275	21		normalgeglüht, f. Dicken > 16 bis 100 mm
Stahlguß [17]	GS-52 GS-60	1.0552 1.0558	nach DIN 1681 Ausg. Juni 1985	520 600	260 300	18 15		17) Das Normblatt enthält Angaben über die Kerbschlagarbeit.
Gußeisen mit Lamellengraphit (Grauguß)	GG-15	0.6015	nach DIN 1691 Ausg. Mai 1985	150–250 [18]				18) Einzuhaltende Werte im getrennt gegossenen Probestück. Die Werte im angegossenen Probestück und Erwartungswerte im Gußstück siehe Normblatt.

Mantelflächen in m²/m

= **Anstrichflächen (Beschichtungsflächen)** = Entrostungsflächen in m² je m Länge
= Profilabwicklung U in m² (zur Ermittlung von Profilfaktor U/A für Brandschutzberechnungen)
Je kleiner U/A ist, um so dünnere Verkleidungen reichen für die gleiche Brandwiderstandsfähigkeit aus.

I DIN 1025 T 1	
80	0,304
100	0,370
120	0,439
140	0,502
160	0,575
180	0,640
200	0,709
220	0,775
240	0,844
260	0,906
280	0,966
300	1,03
320	1,09
340	1,15
360	1,21
380	1,27
400	1,33
425	1,41
450	1,48
475	1,55
500	1,63
550	1,80
600	1,92

h	HE-AA	HE-A IPBl	HE-B IPB	HE-M IPBv
100	0,553	0,561	0,567	0,619
120	0,669	0,677	0,686	0,738
140	0,787	0,794	0,805	0,857
160	0,901	0,906	0,918	0,970
180	1,02	1,02	1,04	1,09
200	1,13	1,14	1,15	1,20
220	1,25	1,26	1,27	1,32
240	1,36	1,37	1,38	1,46
260	1,47	1,48	1,50	1,57
280	1,59	1,60	1,62	1,69
300	1,70	1,72	1,73	1,83
320/305	–	–	–	1,78
320	1,74	1,76	1,77	1,87
340	1,78	1,79	1,81	1,90
360	1,81	1,83	1,85	1,93
400	1,89	1,91	1,93	2,00
450	1,98	2,01	2,03	2,10
500	2,08	2,11	2,12	2,18
550	2,17	2,21	2,22	2,28
600	2,27	2,31	2,32	2,37
650	2,37	2,41	2,42	2,47
700	2,47	2,50	2,52	2,56
800	2,66	2,70	2,71	2,75
900	2,86	2,90	2,91	2,93
1000	3,06	3,10	3,11	3,13

HP		
200	43	1,18
x	53	1,20
200		
250	53	1,46
x	62	1,47
250	85	1,50
310	64	1,76
x	79	1,77
310	93	1,79
	110	1,80
	125	1,81
360	84	2,10
x	108	2,12
370	132	2,14
	152	2,15
	174	2,17
360	104	2,19
x	122	2,20
410	140	2,21
	158	2,23
	176	2,24
	194	2,25
	213	2,26
	231	2,27

HD			
210 x 46	1,19	400 x 187	2,24
52	1,19	216	2,27
69	1,20	237	2,28
71	1,22	262	2,30
87	1,24	288	2,31
100	1,25	314	2,33
310 x 143	1,82	347	2,35
179	1,86	383	2,37
227	1,89	422	2,39
283	1,94	463	2,42
343	1,99	509	2,45
415	2,04	551	2,47
454	2,07	593	2,50
500	2,10	634	2,52
360 x 134	2,14	678	2,55
148	2,15	744	2,59
162	2,16		
179	2,17		

h	IPE	IPEa	IPEo	IPEv
80	0,328	0,325	–	–
100	0,400	0,397	–	–
120	0,475	0,472	–	–
140	0,551	0,547	–	–
160	0,623	0,619	–	–
180	0,698	0,694	0,705	–
200	0,768	0,764	0,779	–
220	0,848	0,843	0,858	–
240	0,922	0,918	0,932	–
270	1,04	1,04	1,05	–
300	1,16	1,16	1,17	–
330	1,25	1,25	1,27	–
360	1,35	1,36	1,37	–
400	1,47	1,46	1,48	1,49
450	1,61	1,60	1,62	1,64
500	1,74	1,74	1,76	1,78
550	1,88	1,87	1,89	1,92
600	2,01	2,01	,05	2,07

HE HL HX							
HL 1000 AA	3,46	HX 1000 AA	3,65	HE 1100 A	3,31	HL 1100 A	3,71
A	3,50	A	3,70	B	3,33	B	3,73
B	3,51	B	3,71	M	3,35	M	3,75
M	3,53	M	3,73	R	3,37	R	3,77
		R	3,75				

DIN 59410 warmgefertigt	
50x 30x 2,9	0,155
60x 40x 2,9	0,195
70x 40x 2,9	0,215
80x 40x 2,9	0,235
5	0,231
90x 50x 3,2	0,275
5	0,271
100x 50x 3,6	0,294
5,6	0,290
100x 60x 3,6	0,314
5,6	0,310
120x 60x 4	0,350
6,3	0,345
140x 80x 4	0,430
6,3	0,425
160x 90x 4,5	0,485
7,1	0,476
180x100x 5,6	0,541
8,8	0,530
200x120x 6,3	0,618
10	0,606
220x120x 6,3	0,658
10	0,646
260x140x 6,3	0,778
10	0,766
260x180x 6,3	0,858
10	0,846
280x180x 7,1	0,896
11	0,882
280x220x 8	0,973
12,5	0,957
320x180x 8,8	0,970
12,5	0,957
320x220x 8,8	1,05
12,5	1,04
360x220x10	1,13
16	1,11
400x260x11	1,28
17,5	1,26

DIN 59411 kaltgefertigt	
40x 20x 2	0,113
2,6	0,111
50x 30x 2	0,153
4	0,146
60x 40x 2	0,193
5	0,178
80x 40x 2	0,233
5	0,218
90x 50x 3,2	0,269
6	0,258
100x 60x 3,2	0,309
6,3	0,292
100x 70x 3,2	0,349
5	0,338
120x 60x 3,2	0,349
6,3	0,332
120x 80x 4	0,386
6,3	0,372
140x 80x 4	0,426
6,3	0,412
150x100x 4	0,486
8	0,465
160x 80x 4	0,466
8	0,445
180x100x 4	0,546
10	0,508
200x100x 4	0,586
10	0,548
200x120x 4	0,626
10	0,588
250x150x 5	0,778
12,5	0,735
260x180x 6,3	0,852
8	0,845
300x200x 6,3	0,972
12,5	0,935
400x200x 8	1,17
12,5	1,14

DIN 59410 warmgef.	
40x 2,9	0,155
4	0,153
50x 2,9	0,195
4	0,193
60x 2,9	0,235
5	0,231
70x 3,2	0,275
5	0,271
80x 3,6	0,314
5,6	0,310
90x 3,6	0,354
5,6	0,350
100x 4	0,393
6,3	0,389
120x 4,5	0,469
6,3	0,465
140x 5,6	0,547
8,8	0,539
160x 6,3	0,618
10	0,606
180x 6,3	0,698
10	0,686
200x 6,3	0,778
10	0,766
220x 6,3	0,858
10	0,846
260x 7,1	1,02
11	1,00
280x 8	1,09
12,5	1,08
320x10	1,25
16	1,23
360x10	1,41
16	1,39
400x12,5	1,56
20	1,53

DIN 59411 kaltgef.	
20x 2	0,073
30x 2	0,113
40x 2	0,153
4	0,146
50x 2	0,193
5	0,178
60x 2	0,233
5	0,218
70x 3,2	0,269
5	0,258
80x 3,2	0,309
6,3	0,292
90x 3,2	0,394
6,3	0,332
100x 4	0,386
6,3	0,372
120x 4	0,466
8	0,445
140x 4	0,546
10	0,508
150x 5	0,578
10	0,548
160x 4	0,626
10	0,588
180x 6,3	0,692
12,5	0,655
200x 6,3	0,772
12,5	0,735
250x0,6,3	0,972
12,5	0,935
300x 8	1,17
12,5	1,14
350x 8	1,37
12,5	1,34

DIN 2440, 2441, 2448, 2458	
10,2	0,032
13,5	0,042
17,2	0,054
21,3	0,067
26,9	0,085
33,7	0,106
42,4	0,133
48,3	0,152
60,3	0,189
76,1	0,239
88,9	0,279
101,6	0,319
108	0,339
114,3	0,359
133	0,418
139,7	0,439
159	0,500
165,1	0,519
168,3	0,529
193,7	0,609
219,1	0,688
244,5	0,768
273	0,858
323,9	1,02
355,6	1,12
406,4	1,28
457	1,44
508	1,60
559	1,76
610	1,92
660	2,07
711	2,23
813	2,55
914	2,87
1016	3,19

U DIN 1026	
30 x 15	0,103
30	0,174
40 x 20	0,142
40	0,199
50 x 25	0,181
50	0,232
60 x 30	0,215
65	0,273
80	0,312
100	0,372
120	0,434
140	0,489
160	0,546
180	0,611
200	0,661
220	0,718
240	0,775
260	0,834
280	0,890
300	0,950
320	0,982
350	1,05
380	1,11
400	1.18

L DIN 1028	
20	0,077
25	0,097
30	0,116
35	0,136
40	0,155
45	0,174
50	0,194
55	0,213
60	0,233
65	0,252
70	0,272
75	0,291
80	0,311
90	0,351
100	0,390
110	0,430
120	0,469
130	0,508
140	0,547
150	0,586
160	0,625
180	0,705
200	0,785
250	0,983

L DIN 1029	
30x20	0,097
40x20	0,117
40x25	0,127
45x30	0,146
50x30	0,156
50x40	0,177
60x30	0,175
60x40	0,195
65x50	0,224
70x50	0,235
75x50	0,244
75x55	0,254
80x40	0,234
80x60	0,274
80x65	0,283
90x60	0,294
100x50	0,292
100x65	0,321
100x75	0,341
120x80	0,391
130x65	0,381
130x90	0,430
150x75	0,441
150x100	0,489
160x80	0,469
180x90	0,528
200x100	0,587
250x 90	0,667

IPE 750			
750 x 137	2,51	750 x 185	2,54
147	2,51	196	2,55
161	2,52	210	2,56
173	2,53	222	2,57

Kranschienen A DIN 536 Bl. 1			
45	0,337	75	0,568
55	0,449	100	0,612
65	0,516	120	0,688

LS DIN 1022			
20	0,080	40	0,160
25	0,100	45	0,180
30	0,120	50	0,200
35	0,140		

T DIN 1024					
20	0,075	45	0,171	90	0,345
25	0,094	50	0,191	100	0,383
30	0,114	60	0,229	120	0,459
35	0,113	70	0,268	140	0,537
40	0,153	80	0,307		

TB DIN 1024	
30	0,171
35	0,201
40	0,233
50	0,287
60	0,345

DIN 1027			
30	0,198	100	0,397
40	0,225	120	0,454
50	0,253	140	0,511
60	0,282	160	0,569
80	0,339		

TPS DIN 59051	
20	0,080
25	0,100
30	0,120
35	0,140
40	0,160

Vorschriften und Normen

Nachstehend sind wichtige technische Baubestimmungen, die beim Stahlbau zu beachten sind, aufgeführt; angeschlossen sind Auszüge aus DIN 4114, DIN 18 800 Teil 1, DIN 18 800 Teil 7 und DASt-Richtlinie 011.

Richtlinien für die Bemessung und Ausführung von **Stahlverbundträgern** (Ausgabe März 1981)
mit Ergänzenden Bestimmungen (Ausgabe Juni 1991)

DIN 1072 – Straßen- und Wegbrücken, Lastannahmen, (Ausgabe Dezember 1985)
Beiblatt 1 Erläuterungen (Ausgabe Mai 1988)

DIN 2310 – Teil 1 bis 6 – **Thermisches Schneiden**
Teil 1 Begriffe und Benennungen (Ausgabe November 1987)
Teil 2 Ermitteln der Güte von Brennschnittflächen (Ausgabe November 1987)
Teil 3 Autogenes Brennschneiden: Verfahrensgrundlagen, Güte, Maßtoleranzen (Ausgabe November 1987)
Teil 4 Plasmaschneiden; Verfahrensgrundlagen, Begriffe, Güte, Maßtoleranzen (Ausgabe September 1987)
Teil 5 Laserschneiden; Begriffe (Ausgabe September 1980)
Teil 6 Einteilung, Verfahren (Ausgabe Oktober 1980)

DIN 4112 – Fliegende Bauten; Richtlinien für Bemessung und Ausführung (Ausgabe Febr. 1983)

DIN 4114 Teil 1 und 2 – **Stahlbau, Stabilitätsfälle (Knickung, Kippung, Beulung), Berechnungsgrundlagen** *soll teilweise ersetzt werden durch DIN 18 800 Teil 2*
Teil 1 – Vorschriften (Ausgabe Juli 1952 xx) Teil 2 – Richtlinien (Ausgabe Februar 1953 x)
ω ist die von der Baustahlsorte und dem Schlankheitsgrad λ abhängige, aus den Tafeln 1 oder 2 *(siehe hintere innere Umschlagseite) bzw. Tafeln 1 a oder 2 a (siehe Seite 48)* zu entnehmende Knickzahl.

DIN 4118 – Fördergerüste und Fördertürme für den Bergbau (Ausgabe Juni 1981)
Lastannahmen, Berechnungs- und Konstruktionsgrundlagen

DIN 4119 – Oberirdische zylindrische Flachboden-Tankbauwerke aus metallischen Werkstoffen
Teil 1 Grundlagen, Ausführung, Prüfung (Ausgabe Juni 1979) Teil 2 Berechnung (Ausgabe Februar 1980)

DIN 4131 – Antennentragwerke aus Stahl, Berechnung und Ausführung (Ausgabe November 1991)

DIN 4132 – Kranbahnen, Stahltragwerke. Grundsätze für Berechnung, bauliche Durchbildung und Ausführung mit Beiblatt 1 – Erläuterungen (Ausgabe Februar 1981)

DIN 4133 – Schornsteine aus Stahl; Statische Berechnung und Ausführung (Ausgabe November 1991)

DIN 4149 Teil 1 – **Bauten in deutschen Erdbebengebieten:** Lastannahmen, Bemessung und Ausführung üblicher Hochbauten mit Beiblatt (Ausgabe April 1981)

DIN 4150 Teil 1 bis 3 – **Erschütterungen im Bauwesen** (Vornorm September 1975)
Teil 1 Grundsätze; Vorermittlung und Messung von Schwingungsgrößen
Teil 2 Einwirkung auf Menschen in Gebäuden Teil 3 Einwirkungen auf bauliche Anlagen (Ausgabe Mai 1986)

DIN 4420 Teil 1 und 2 – **Arbeits- und Schutzgerüste** (Ausgabe Dez. 1990) Teil 4 (Ausgabe Dezember 1988)

DIN 4421 – Traggerüste; Berechnung, Konstruktion und Ausführung (Ausgabe August 1982)

DIN 8528 Teil 1 und 2 – **Schweißbarkeit**
Teil 1 Metallische Werkstoffe, Begriffe (Ausgabe Juni 1973)
Teil 2 Schweißneigung der allgemeinen Baustähle zum Schmelzschweißen (Ausgabe März 1975)

DIN 8563 Teil 1 bis 3 und Teil 10 – **Sicherung der Güte von Schweißarbeiten**
Teil 1 Allgemeine Grundsätze (Ausgabe Oktober 1978)
Teil 2 Anforderungen an den Betrieb (Ausgabe Oktober 1978)
Teil 3 Schmelzschweißverbindungen an Stahl (ausgenommen Strahlschweißen); Anforderungen, Bewertungsgruppen (Ausgabe Oktober 1985)
Teil 10 Bolzenschweißverbindungen an Stahl, Bolzenschweißen mit Hub- und Ringzündung (Ausgabe Dezember 1984)
ersetzt DVS 0905 Teil 1

DIN 8565 – Korrosionsschutz von Stahlbauwerken durch thermisches Spritzen von Zink und Aluminium; Allgemeine Grundsätze (Ausgabe März 1977)

DIN 11536 – Gewächshaus in Stahlkonstruktion, feuerverzinkt; 12 m Nennbreite (Ausg. Juli 1974)
und E DIN 11536 (Ausgabe Mai 1987)

DIN 15018 Teil 1 bis 3 – **Krane.** Grundsätze für **Stahltragwerke** (Ausgabe November 1984)
Teil 1 Berechnung Teil 2 Bauliche Durchbildung und Ausführung Teil 3 Berechnung von Fahrzeugkranen

DIN 15019 Teil 1 und 2 – **Krane. Standsicherheit**
Teil 1 für alle Krane außer gleislosen Fahrzeugkranen und außer Schwimmkranen (Ausgabe September 1979)
Teil 2 für gleislose Fahrzeugkrane, Prüfbelastung und Berechnung (Ausgabe Juni 1979)

DIN 17010 – Allgemeine Technische Lieferbedingungen für **Stahl und Stahlerzeugnisse** (Ausgabe Juni 1985)

DIN 18203 Teil 2 – **Maßtoleranzen** im Hochbau. Vorgefertigte Teile aus Stahl. (Ausgabe Mai 1986)

DIN 18230 Teil 1 und 2 – **Baulicher Brandschutz im Industriebau** (**Vornorm** September 1987)
Beiblatt 1 zu DIN V 18230 Teil 1 (Ausgabe November 1989)

DIN 18 335 ATV – Stahlbauarbeiten (VOB, Teil C) (Ausgabe September 1988)

DIN 18 360 ATV – Metallbauarbeiten, **Schlosserarbeiten** (VOB, Teil C) (Ausgabe September 1988)

DIN 18 364 ATV – Korrosionsschutzarbeiten an Stahl- u. Aluminiumbauten (VOB Teil C) (Ausgabe September 1988)

DIN 18 800 Teil 1 – **Stahlbauten; Bemessung und Konstruktion** (Ausgabe März 1981 und November 1990)

DIN 18 800 Teil 2 – **Stahlbauten; Stabilitätsfälle, Knicken** von Stäben und Stabwerken (Ausgabe November 1990)

DIN 18 800 Teil 3 – **Stahlbauten; Stabilitätsfälle, Plattenbeulen** (Ausgabe November 1990)

DIN 18 800 Teil 4 – **Stahlbauten; Stabilitätsfälle, Schalenbeulen** (Ausgabe November 1990)

DIN 18 800 Teil 7 – **Stahlbauten; Herstellen, Eignungsnachweise** zum Schweißen (Ausg. Mai 1983)

DIN 18 801 – Stahlhochbau; Bemessung, Konstruktion, Herstellung (Ausgabe September 1983)
(Neufassung in Vorbereitung)

DIN 18 806 Teil 1 – Verbundkonstruktionen, **Verbundstützen** (Ausgabe März 1984)

DIN 18 807 Teil 1 bis 3 – Trapezprofile im Hochbau; **Stahltrapezprofile** (Ausgabe Juni 1987)
Teil 1 Allgemeine Anforderungen, Ermittlung der Tragfähigkeitswerte durch Berechnung
Teil 2 Durchführung und Auswertung von Tragfähigkeitsversuchen
Teil 3 Festigkeitsnachweis und konstruktive Ausbildung

DIN 18 808 – Stahlbauten; Tragwerke aus **Hohlprofilen** unter vorwiegend ruhender Beanspruchung (Ausgabe Oktober 1984)

DIN 18 809 – Stählerne **Straßen- und Wegbrücken;** Bemessung, Konstruktion, Herstellung (Ausgabe September 1987)

DIN 19 704 – Stahlwasserbauten; Berechnungsgrundlagen (Ausgabe September 1976)

DIN 19 705 – Stahlwasserbauten; Bauliche Durchbildung (Ausgabe September 1976)

DIN 50 049 – Bescheinigungen über **Materialprüfungen** (Ausgabe August 1986)

DIN 50 976 – Korrosionsschutz; Feuerverzinken von Einzelteilen (Stückverzinken); Anforderungen und Prüfung (Ausgabe Mai 1989)

DIN 55 928 Teil 1 bis 9 – **Korrosionsschutz** von Stahlbauten durch **Beschichtungen und Überzüge**
Teil 2 Korrosionsschutzgerechte Gestaltung von Stahlbauten (Ausgabe Mai 1991)
Teil 3 Planung der Korrosionsschutzarbeiten (Ausgabe Mai 1991)
Teil 6 Ausführung und Überwachung der Korrosionsschutzarbeiten (Ausgabe Mai 1991)
Teil 8 Korrosionsschutz von tragenden dünnwandigen Bauteilen (Stahlleichtbau) (Ausgabe März 1980)
und E DIN 55928 Teil 8 (Ausgabe Mai 1991)
Teil 9 Bindemittel und Pigmente für Beschichtungsstoffe (Ausgabe Mai 1991)

Technische Lieferbedingungen (TL Nr. 91802 der Deutschen **Bundesbahn**); Allgemeine Baustähle, Kaltprofile und kaltgefertigte geschweißte Hohlprofile (Ausgabe Oktober 1984)

Technische Lieferbedingungen (TL Nr. 918 300 Blatt 85) für **Beschichtungsstoffe** auf Alkali-Silikat-Grundlage mit Zinkstaub **für Reibflächen** gleitfester Verbindungen (Stahlbau) (Ausgabe Januar 1990)

DS 804 – Vorschriften für Eisenbahnbrücken und sonstige Ingenieurbauwerke (VEI) (Sept. 1988)

DVS 0902 – Lichtbogenbolzenschweißen mit **Hubzündung** (Ausgabe Juli 1988)

DVS 0904 – Lichtbogenbolzenschweißen mit **Ringzündung** (Ausgabe Juni 1974)

DVS 0905 – Teil 1 und 2 – Sicherung der Güte von Bolzenschweißverbindungen
Teil 1 Bolzenschweißen mit Hub- und Ringzündung *ersetzt durch DIN 8563 Teil 10* (Ausgabe August 1977)
Teil 2 Bolzenschweißen mit Spitzenzündung (Ausgabe April 1979)

Stahl-Eisen-Werkstoffblatt (SEW) 087 Wetterfeste Baustähle; Hinweise auf Lieferung, Verarbeitung und Anwendung (Ausgabe Juni 1981)

Stahl-Eisen-Werkstoffblatt (SEW) 088 mit Beiblatt – Schweißgeeignete Feinkornbaustähle, Richtlinien für die Verarbeitung, besonders für das Schweißen (Ausgabe April 1987)

Stahl-Eisen-Werkstoffblatt (SEW) 092 Warmgewalzte Feinkornstähle zum Kaltumformen, Gütevorschriften (Ausgabe Juli 1982)

Richtlinien des Deutschen Ausschusses für Stahlbau

DASt-Ri. 006 – Überschweißen von **Fertigungsbeschichtungen** (FB) im Stahlbau (Ausgabe Januar 1980)

DASt-Ri. 007 – Lieferung, Verarbeitung und Anwendung **wetterfester Baustähle** (Ausgabe November 1979)
(Neufassung erscheint voraussichtlich 1992)

DASt-Ri. 009 – Empfehlungen zur Wahl der **Stahlgütegruppen** für geschweißte Stahlbauten (Ausgabe April 1973)
(Neufassung erscheint voraussichtlich 1992)

DASt-Ri. 010 – Anwendung **hochfester Schrauben** im Stahlbau (Ausgabe Juni 1976)

DASt-Ri. 011 – Hochfeste, schweißgeeignete **Feinkornbaustähle** StE 460 und StE 690, Anwendung für Stahlbauten
(Neufassung erscheint voraussichtlich 1992) (Ausgabe Februar 1988)

DASt-Ri. 012 – Beulsicherheitsnachweise für **Platten** (Ausgabe Oktober 1978)

DASt-Ri. 013 – Beulsicherheitsnachweise für **Schalen** (Ausgabe Juli 1980)

DASt-Ri. 014 – Empfehlungen zum Vermeiden von **Terrassenbrüchen** in geschweißten Konstruktionen aus Baustahl. (Ausgabe Januar 1981)

DASt-Ri. 015 – Träger mit schlanken Stegen (Ausgabe Juli 1990)

DASt-Ri. 016 – Bemessung und konstruktive Gestaltung von Tragwerken aus dünnwandigen kaltgeformten Bauteilen (Ausgabe Februar 1992)

Auszug aus **DIN 18 800** Teil 7 – **Eignungsnachweise** zum **Schweißen.**

Abschnitt 6 beinhaltet die Eignungsnachweise zum Schweißen, Abschnitt 6.3 den **Kleinen Eignungsnachweis;** sein **Anwendungsbereich** erstreckt sich bei geschweißten Stahlbauten aus St 37 mit vorwiegend ruhender Beanspruchung u.a. auf: Vollwand-und Fachwerkträger bis 16 m Stützweite, Maste und Stützen bis 16 m Länge, Treppen bis 5 m Länge in Laufrichtung, Geländer u. dgl., wobei jeweils Verkehrslast ≦ kN/m² sowie Einzeldicke im tragenden Querschnitt im allgemeinen ≦ 16 mm, bei Kopf- und Fußplatten ≦ 30 mm.
Der Anwendungsbereich kann erweitert werden auf: Bauteile aus Hohlprofilen nach DIN 18 808, Bolzenschweißverbindungen bis 22 mm Bolzendurchmesser nach DIN 8563 Teil 10, Bauteile aus St 52 (wie aus St 37, siehe oben, jedoch ohne Beanspruchung auf Zug und Biegezug, ohne Stumpfstöße in Formstählen, mit Kopf- und Fußplattendicke ≦ 25 mm).
Für Serienfertigung gelten besondere Bedingungen.
Abschnitt 6.2 behandelt den **Großen Eignungsnachweis** für uneingeschränkten Anwendungsbereich bei vorwiegend ruhender Beanspruchung der Bauteile.

Tabellen aus DIN 18 800 Teil 1 (Ausgabe März 1981)

Tabelle 1 Rechenwerte für **Werkstoffeigenschaften** von Walzstahl, Stahlguß und Gußeisen

Zeile	Werkstoff	Streckgrenze β_S N/mm²	Elastizitätsmodul E N/mm²	Schubmodul G N/mm²	Lineare Wärmedehnzahl α_T K^{-1}
1	Baustahl St 37	240 ¹)	210 000	81 000	$12 \cdot 10^{-6}$
2	Baustahl St 52	360 ²)			
3	Stahlguß GS-52	260			
4	Vergütungsstahl C 35 N	280			
5	Grauguß GG-15	–	100 000	38 000	$10 \cdot 10^{-6}$

¹) Für Materialdicken ≦ 100 mm ²) Für Materialdicken ≦ 60 mm
Für größere Dicken sind entsprechende Festlegungen zu treffen.

Tabelle 2 **Querschnittswerte** bei näherungsweiser Berücksichtigung von Löchern für Verbindungsmittel

	Schnittgröße	Spannungsart	Maßgebende Querschnitts-Werte zur Ermittlung der Spannungen aus N und Q	Maßgebende Querschnitts-Werte zur Ermittlung der Spannungen aus M_g und M_T
1	Längskraft N	Druck	A	
2		Zug*)	A-ΔA	
6	Biegemoment M_B	Druck		$W_D = \frac{I}{z_D}$
4		Zug*)		$W_Z = \frac{I-\Delta I}{z_Z}$
5	Längskraft N und Biegemoment M_B	Druck	A	$W_D = \frac{I}{z_D}$
2		Zug*)	A-ΔA	$W_Z = \frac{I-\Delta I}{z_Z}$
7	Querkraft Q	Schub	A_Q, S, I, t	
8	Torsionsmoment M_T			**)

A Fläche des ungelochten Querschnitts
ΔA Summe aller abzuziehenden Lochflächen, die in derjenigen Rißlinie liegen, die den kleinsten Wert A-ΔA ergibt
A_Q Querkraftfläche, die bei näherungsweiser Berechnung der Schubspannungen infolge Querkraft zu deren Aufnahme geeignet ist
S Flächenmoment 1. Grades (Statisches Moment) von ungelochten Querschnittsteilen bezogen auf die Schwerachse des ungelochten Querschnitts
I Flächenmoment 2. Grades (Trägheitsmoment) des ungelochten Querschnitts
ΔI Summe der Trägheitsmomente der in die ungünstigste Rißlinie fallenden Löcher im Biegezugbereich, bezogen auf die Schwerachse des ungelochten Querschnittes
z_D Abstand der Randfaser am Druckrand von der Schwerachse des ungelochten Querschnittes
z_Z Abstand der Randfaser am Zugrand von der Schwerachse des ungelochten Querschnittes
W_D Maßgebendes Widerstandsmoment für die Randdruckspannung
W_Z Maßgebendes Widerstandsmoment für die Randzugspannung
t Dicke des zur Querkraftaufnahme geeigneten Querschnittsteiles

*) Gleitfeste Verbindung siehe Abschnitt 7.2.2.2.
**) Querschnittswerte des ungelochten Querschnittes

Tabelle 7 Zulässige **Spannungen** in N/mm² für **Bauteile** (aus DIN 18 800 Teil 1, Ausgabe März 1981)

Zeile	Spannungsart				St 37 Lastfall H	St 37 Lastfall HZ	St 52 Lastfall H	St 52 Lastfall HZ
1	Druck und Biegedruck für Stabilitätsnachweis nach DIN 4114 Teil 1 und Teil 2 u. DASt-Ri. 012			(zul σ_D)	140	160	210	240
2	Zug und Biegezug	Druck und Biegedruck		(zul σ)	160	180	240	270
3	Schub			(zul τ)	92	104	139	156
4	Lochleibungsdruck (zul σ_l) für Materialdicken ≥ 3 mm bei Verbindung durch	SL	rohe Schrauben (DIN 7990), hochfeste Schrauben (DIN 6914) oder Senkschrauben (DIN 7969) Lochspiel 0,3 mm < Δ d ≤ 2 mm – ohne Vorspannung		280	320	420	480
5		SL	hochfeste Schrauben (DIN 6914) Lochspiel 0,3 mm < Δ d ≤ 2 mm nicht planm. Vorspannung: ≥ 0,5 · F_V F_V nach Tabelle 9, Spalte 2		380	430	570	645
6		SLP	Niete (DIN 124 und DIN 302) oder Paßschrauben (DIN 7968) Lochspiel Δ d ≤ 0,3 mm – ohne Vorspannung		320	360	480	540
7		SLP	hochfeste Paßschrauben Lochspiel Δ d ≤ 0,3 mm nicht planm. Vorspannung: ≥ 0,5 · F_V F_V nach Tabelle 9, Spalte 2		420	470	630	710
8		GV GVP	hochfeste Schrauben Lochspiel 0,3 mm ≤ Δ d ≤ 2 mm hochfeste Paßschrauben Lochspiel Δ d ≤ 0,3 mm Vorspannung: 1,0 · F_V F_V nach Tabelle 9, Spalte 2		480	540	720	810

Tabelle 8 Zulässige übertragbare **Scherkräfte** zul Q_{SL} und zul Q_{SLP} in kN je Schraube bzw. Niet und je Scherfläche senkrecht zur Schrauben- bzw. Nietachse u. zulässige **Spannungen** in N/mm² für **Schrauben und Niete** in **SL/SLP-**Verbindungen (aus DIN 18 800 Teil 1, Ausgabe März 1981)

Zeile	Schraubengröße	SL-Verbindungen Rohe Schrauben (DIN 7990) hochfeste Schrauben (DIN 6914) Senkschrauben (DIN 7969) *(nur bis M 24)* Lochspiel 0,3 mm < Δ d ≤ 2 mm¹)							SLP-Verbindungen Paßschrauben (DIN 7968) *(nur bis M 30)* Niete (DIN 124 und DIN 302) Lochspiel Δ d ≤ 0,3 mm						
		Scherfläche $\frac{\pi d^2}{4}$	DIN 7990 DIN 7969 4.6²) Lastfall H	HZ	DIN 7990 DIN 7969 5.6²) Lastfall H	HZ	DIN 6914 10.9²) Lastfall H	HZ	Scherfläche $\frac{\pi d^2}{4}$	Paßschrauben 4.6²) Niete St 36 Lastfall H	HZ	Paßschrauben 5.6²) Niete St 44 Lastfall H	HZ	Paßschrauben 10.9²) Lastfall H	HZ
		mm²	kN	kN	kN	kN	kN	kN	mm²	kN	kN	kN	kN	kN	kN
1	M 12	113	12,7	14,2	19,2	21,5	27,0	30,5	133	18,6	21,3	27,9	31,9	37,0	42,5
2	M 16	201	22,5	25,3	34,1	38,2	48,5	54,5	227	31,8	36,3	47,7	54,5	63,5	72,5
3	M 20	314	35,2	39,6	53,4	59,7	75,5	85,0	346	48,4	55,4	72,2	83,0	97,0	111,0
4	M 22	380	42,6	47,9	64,6	72,2	91,0	102,5	415	58,1	66,4	87,2	99,6	116,5	133,0
5	M 24	452	50,6	57,0	76,8	85,9	108,5	122,0	491	68,7	78,6	103,1	117,8	137,5	157,0
6	M 27	573	64,2	72,2	97,4	108,9	137,5	154,5	616	86,2	98,6	129,4	147,8	172,5	197,0
7	M 30	707	79,2	89,1	120,2	134,3	169,5	191,0	755	105,7	120,8	158,6	181,2	211,5	241,5
8	M 36	1018	114,0	128,3	173,1	193,4	244,5	275,0	1075	150,6	172,0	225,8	258,0	301,1	344,0
9	Abscheren zul τ_a (N/mm²)		112	126	168	192	240	270	–	140	160	210	240	280	320
10	Lochleibungsdruck zul σ_l (N/mm²)		280	320	420³)	470³)	⁴)	⁴)	–	320	360	480³)	540³)	⁴)	⁴)

¹) Bei Anschlüssen und Stößen seitenverschieblicher Rahmen ist Δ d ≤ 1 mm einzuhalten (siehe Abschnitt 7.2.1.1, 3. Absatz *dieser Norm)*

²) Festigkeitsklassen der Schrauben gemäß DIN ISO 898 Teil 1 *(siehe Seite 38)*

³) Bei Verwendung in Bauteilen aus St 37 sind die dafür zulässigen kleineren Werte nach Tabelle 7, Zeilen 4 bis 8, anzusetzen.

⁴) Es sind hier die zul σ_l-Werte des zu verbindenden Bauteils maßgebend.

Tabelle 9 **Vorspannkraft** und zulässige **übertragbare Kräfte** zul Q_{GV} und zul Q_{GVP} in kN **je Schraube und je Reibfläche** (Scherfläche) senkrecht zur Schraubenachse für Materialdicken t≥ 3 mm (18 800 T. 1, 1981)

Zeile	Schraubengröße	Vorspannkraft F_v siehe DIN 18 800 Teil 7 Ausgabe Mai 1983 Tabelle 1, Spalte 2 *)	zul Q_{GV} (GV-Verbindungen) Lochspiel 0,3 mm < Δ d ≤ 2 mm		zul Q_{GVP} (GVP-Verbindungen) Lochspiel Δ d ≤ 0,3 mm	
	1	2	3	4	5	6
			Werkstoff der zu verbindenden Bauteile			
			St 37, St 52		St 37, St 52	
			Lastfall		Lastfall	
		kN	H kN	HZ kN	H kN	HZ kN
1	M 12	50	20,0	22,5	38,5	43,5
2	M 16	100	40,0	45,5	72,0	82,0
3	M 20	160	64,0	72,5	112,5	128,0
4	M 22	190	76,0	86,5	134,0	153,0
5	M 24	220	88,0	100,0	156,5	178,5
6	M 27	290	116,0	132,0	202,0	230,5
7	M 30	350	140,0	159,0	245,5	280,0
8	M 36	510	204,0	232,0	354,5	404,0

Für GV-Verbindungen mit Lochspiel 2 mm < Δ d ≤ 3 mm sind die Werte der Spalten 3 und 4 auf 80 % zu ermäßigen.
*) *Tabelle 1 von DIN 18 800 Teil 7 gibt auch die für diese Vorspannkräfte der HV-Schrauben erforderlichen Anziehmomente an. Tabelle 2 enthält erforderliche Drehwinkel und Umdrehungsmaße, Tabelle 3 behandelt das Überprüfen der Vorspannung.*

Tabelle 10 Zulässige übertragbare **Zugkräfte** zul Z in kN je **Schraube** bzw. Paßschraube in Richtung der Schraubenachse[1]) (aus DIN 18 800 Teil 1, Ausgabe März 1981)

Zeile	Schraubengröße	Spannungsquerschnitt A_S	Schrauben ohne Vorspannung						Schrauben mit planmäßiger Vorspannung[3])	
			4.6[4])		5.6[4])		10.9[2])[4])		10.9[4])	
			Lastfall							
		mm²	H kN	HZ kN	H kN	HZ kN	H kN	HZ kN	H kN	HZ kN
1	M 12	84,3	9,3	10,5	12,6	14,3	30,5	34,6	35,0	40,0
2	M 16	157	17,3	19,6	23,6	26,7	56,5	64,4	70,0	80,0
3	M 20	245	27,0	30,6	36,8	41,7	88,2	100,5	112,0	128,0
4	M 22	303	33,3	37,9	45,5	51,5	109,0	124,2	133,0	152,0
5	M 24	353	38,8	44,1	53,0	60,0	127,0	144,7	154,0	176,0
6	M 27	459	50,5	57,4	68,9	78,0	165,2	188,2	203,0	232,0
7	M 30	561	61,7	70,1	84,2	95,4	202,0	230,0	245,0	280,0
8	M 36	817	89,9	102,1	122,6	138,9	294,0	335,0	357,0	408,0
9	zul σ_Z (N/mm²):		110	125	150	170	360	410	$0{,}7 \cdot F_v/A_S$	$0{,}8 \cdot F_v/A_S$

[1]) In SL- und SLP-Verbindungen sind bei gleichzeitiger Beanspruchung auf Abscheren und Zug alle Einzelnachweise *(Q, σ_l, Z)* unabhängig voneinander zu führen. Dabei dürfen die zulässigen Werte für die einzelnen Beanspruchungsarten nach den Tabellen 7, 8 und 10 ohne Nachweis einer Vergleichsspannung voll ausgenutzt werden.
Für den zulässigen Lochleibungsdruck σ_l sind in planmäßig vorgespannten Verbindungen ($1{,}0 \cdot F_V$), die Werte nach Tabelle 7, Zeile 5 (SL-Verbindungen) bzw. Zeile 7 (SLP-Verbindungen), in nicht planmäßig vorgespannten Verbindungen ($\geq 0{,}5 \cdot F_V$) die Werte nach Tabelle 7, Zeile 4 (SL-Verbindungen) bzw. Zeile 6 (SLP-Verbindungen) in Rechnung zu stellen. Diese Werte gelten nur für *Z* = zul *Z*. Für kleinere Werte *Z* kann zwischen den Werten der Tabelle 7, Zeilen 5 und 4 bzw. 7 und 6 gradlinig interpoliert werden.

[2]) Nur in Sonderfällen, siehe Abschnitt 7.2.3.1 *(dieser Norm)*

[3]) F_V nach Tabelle 9, Spalte 2 *(siehe oben)*

[4]) Festigkeitseigenschaften der Schrauben nach DIN ISO 898 Teil 1 *(siehe Seite 38)*.

Tabelle 13 Zulässige **Spannungen** in N/mm² für **Kopf- und Gewindebolzen** (18 800 T. 1, 1981)

Zeile	Spannungsart	Kopfbolzen nach DIN 32 500 Teil 3 Lastfall H N/mm²	HZ N/mm²	Gewindebolzen n. DIN 32 500 Teil 1 Lastfall H N/mm²	HZ N/mm²	Maßgebender Querschnitt für Spannungsnachweis
1	Zug	165	185	140	160	Spannungsquerschnitt
2	Biegezug und Biegedruck		–	–	–	Schaft
3	Schub	140	160	–	–	Schaft

Tabelle 16 Bedingungen für das **Schweißen in kaltgeformten Bereichen** (18 800 T. 1, 1981)
(einschl. angrenzender Flächen von der Breite 5 t)

	r/t	ε in %	zul t in mm
1	≥ 10	< 5	alle
2	≥ 3,0	≤ 14	≤ 24
3	≥ 2	≤ 20	≤ 12
4	≥ 1,5	≤ 25	≤ 8
5	≥ 1,0	≤ 33	≤ 4

Sofern kaltgeformte Teile vor dem Schweißen normalgeglüht werden, brauchen die Bedingungen r/t und ε nicht eingehalten zu werden.

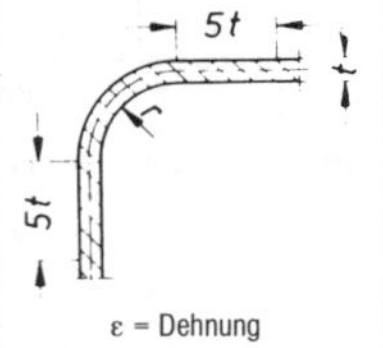

ε = Dehnung

Tabelle 11 Zulässige **Spannungen** in N/mm² für **Schweißnähte** (aus DIN 18 800 Teil 1, Ausgabe März 1981)

Zeile	Nahtart	Bild nach Tabelle 6	Nahtgüte (*siehe Tabelle 6, Fußnote, Seite 43*)	Spannungsart		St 37 Lastfall H N/mm²	St 37 Lastfall HZ N/mm²	St 52 Lastfall H N/mm²	St 52 Lastfall HZ N/mm²
1	Stumpfnaht D(oppel)-HV-Naht (K-Naht)	Zeile 1 Zeile 2	alle Nahtgüten	Druck und Biegedruck zul σ_D	Spannungen senkrecht zur Nahtrichtung	160	180	240	270
2	HV-Naht D(oppel)-HY-Naht²) (K-Stegnaht)	Zeilen 3 und 4 Zeile 5	Nahtgüte¹) nachgewiesen	Zug und Biegezug zul σ_Z					
3	HY-Naht ²) Dreiblechnaht	Zeile 6 Zeile 13	Nahtgüte nicht nachgewiesen			135	150	170	190
4	Kehlnähte Dreiblechnaht	Zeilen 7 bis 12 Zeile 14	alle Nahtgüten	Druck und Biegedruck zul σ_D					
5				Zug und Biegezug zul σ_Z					
6	alle Nähte	Zeilen 1 bis 14		Schub in Nahtrichtung zul τ					
7	HY-Naht Kehlnähte	Zeile 6 Zeilen 7 bis 12		Vergleichswert zul σ_V					

¹) Freiheit von Rissen, Binde- und Wurzelfehlern und Einschlüssen, ausgenommen vereinzelte und unbedeutende Schlackeneinschlüsse und Poren, ist mit Durchstrahlungs- oder Ultraschalluntersuchung nachzuweisen.
Dieser Nachweis gilt als erbracht, wenn beim Durchstrahlen von mindestens 10 % der Nähte, wobei die Arbeit aller beteiligten Schweißer gleichmäßig zu erfassen ist, ein einwandfreier Befund (d. h. mindestens Nahtgüte „blau" nach IIW-Katalog) festgestellt wird.

²) Wegen des vorhandenen Wurzelspaltes kommen für Zug und Biegezug nur die Werte der Zeile 3 in Betracht.

Tabelle 12 Zulässige **Spannungen** in N/mm² für **Lagerteile und Gelenke** ¹) (aus DIN 18 800 Teil 1, Ausgabe März 1981)

Zeile	Spannungsart	GG-15 H N/mm²	GG-15 HZ N/mm²	St 37 H N/mm²	St 37 HZ N/mm²	St 52 H N/mm²	St 52 HZ N/mm²	GS-52 H N/mm²	GS-52 HZ N/mm²	C 35 N H N/mm²	C 35 N HZ N/mm²
1	Druck	100	110	160	180	240	270	180	200	160	180
2	Biegedruck	90	100								
3	Biegezug	45	50								
4	Berührungsdruck nach Hertz ²)	500	600	650	800	850	1050	850	1050	800	1050
5	Lochleibungsdruck bei Gelenkbolzen ³)	⁴)		210	240	320	360	240	265	210	240

¹) Für andere Stähle und Baustoffe (z. B. bei Kunststofflagern) sind die jeweiligen allgemeinen bauaufsichtlichen Zulassungen maßgebend. Ein Normblatt über Lager ist in Vorbereitung.

²) Bei beweglichen Lagern mit mehr als 2 Rollen sind diese Werte auf 85 % zu ermäßigen. Solche Lager sind jedoch möglichst zu vermeiden.

³) Diese Werte gelten nur für mehrschnittige Verbindungen. ⁴) Als Gelenkbolzen nicht verwendbar.

Tabelle 15 **Rand- und Lochabstände** von Schrauben und Nieten (aus DIN 18 800 Teil 1, Ausgabe März 1981)

Randabstände		
Kleinster Randabstand	In Kraftrichtung	2 d_1
	Senkrecht zur Kraftrichtung	1,5 d_1
Größter Randabstand	In und senkrecht zur Kraftrichtung	3 d_1 oder 6 t

Bei Stab- und Formstählen darf als größter Randabstand 8 t statt 6 t genommen werden, wenn das abstehende Ende eine Versteifung durch die Profilform erfährt.

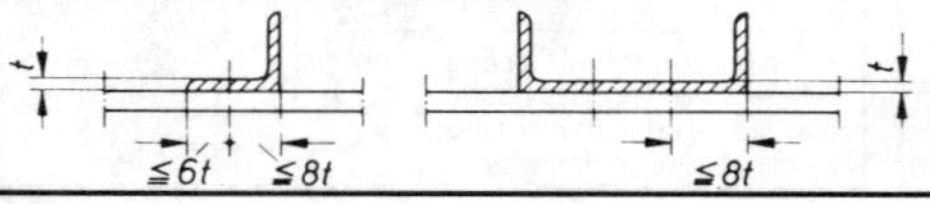

Lochabstände		
Kleinster Lochabstand	bei allen Bauwerksteilen	3 d_1
Größter Lochabstand, soweit die Bemessung keine engere Teilung erfordert.	im Druckbereich und für Beulsteifen	6 d_1 o. 12 t
	im Zugbereich und für Heftung auch im Druckbereich	10 d_1 oder 20 t

Größere Rand- und Lochabstände sind zulässig, wenn geeignete Maßnahmen einen ausreichenden Korrosionsschutz gewährleisten, wie z. B. erforderlich für Stirnplatten biegesteifer Stirnplattenverbindungen mit hochfesten Schrauben.

Tabelle 6 Rechnerische **Schweißnahtdicken** a

(aus DIN 18 800 Teil 1, Ausgabe März 1981)

Zeile	Nahtart	Bild	Rechn. Nahtdicke a
1	Stumpfnaht	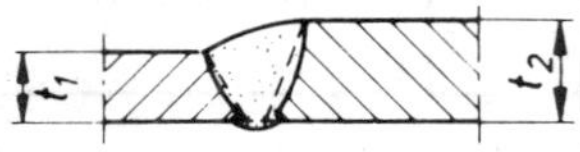	a = t_1 wenn $t_1 \leq t_2$
2	D(oppel)-HV-Naht (K-Naht)	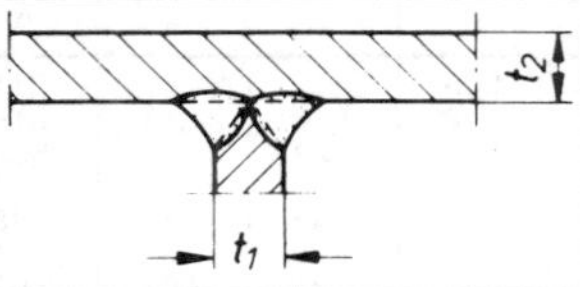	a = t_1
3	HV-Naht: Kapplage gegengeschweißt		a = t_1
4	HV-Naht: Wurzel durchgeschweißt	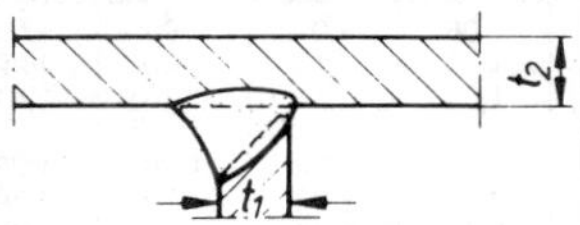	a = t_1
5	D(oppel)-HY-Naht (K-Stegnaht)	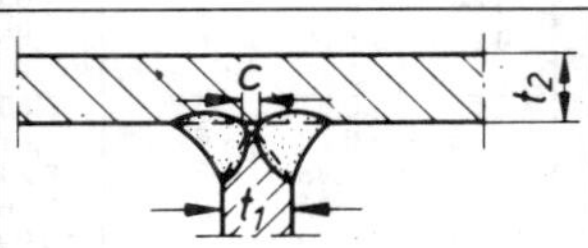	a = t_1 $c \leq \frac{1}{5} t_1$ und $c \leq 3$ mm. Wenn Bedingung für c nicht eingehalten wird, ist Nahtdicke a nach Zeile 7 bis 12 zu bestimmen.
6	HY-Naht	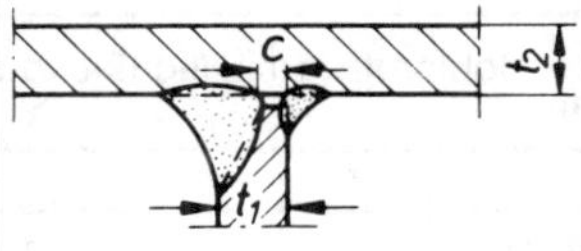	a = t_1 $c \leq \frac{1}{5} t_1$ und $c \leq 3$ mm. Wenn Bedingung für c nicht eingehalten wird, ist Nahtdicke a nach Zeile 7 bis 12 zu bestimmen.
7	Kehlnaht	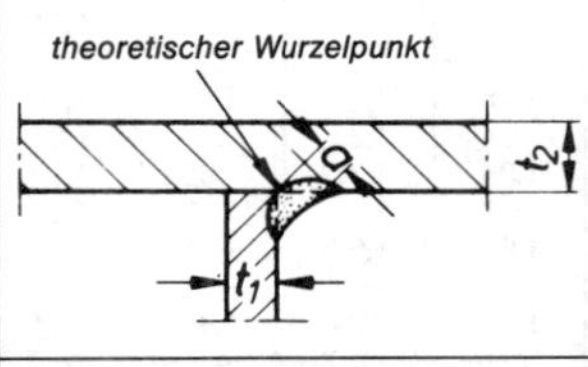	Nahtdicke a ist gleich der bis zum theoretischen Wurzelpunkt gemessenen Höhe des einschreibbaren gleichschenkligen Dreiecks. Empfohlene Grenzwerte für a s. Absch. 7.3.1.1 *(dieser Norm)*
8	Doppelkehlnaht	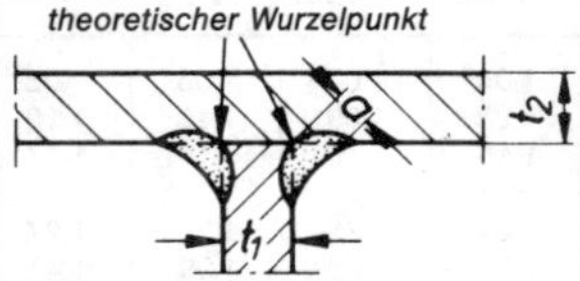	Nahtdicke a ist gleich der bis zum theoretischen Wurzelpunkt gemessenen Höhe des einschreibbaren gleichschenkligen Dreiecks. Empfohlene Grenzwerte für a s. Absch. 7.3.1.1 *(dieser Norm)*
9	Kehlnaht mit tiefem Einbrand	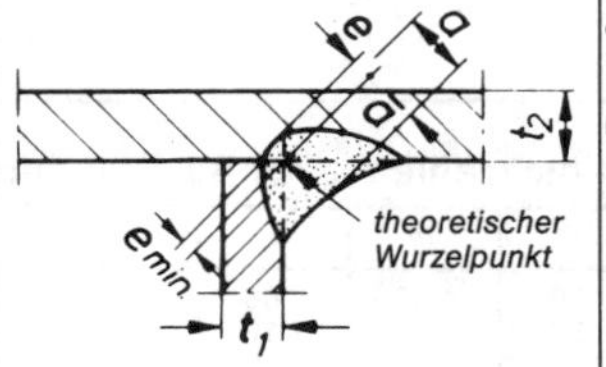	$a = \bar{a} + \frac{\min e}{2}$ $\bar{a}$ entspricht Nahtdicke a nach Zeile 7 und 8; min e: aus Verfahrensprüfung (siehe DIN 18 800 Teil 7, Ausg. Mai 1983, Abschnitt 3.4.3.2 a).
10	Doppelkehlnaht mit tiefem Einbrand	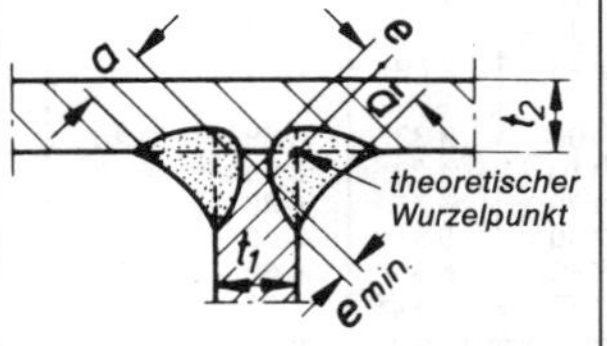	$a = \bar{a} + \frac{\min e}{2}$ $\bar{a}$ entspricht Nahtdicke a nach Zeile 7 und 8; min e: aus Verfahrensprüfung (siehe DIN 18 800 Teil 7, Ausg. Mai 1983, Abschnitt 3.4.3.2 a).
11	Kehlnaht versenkt	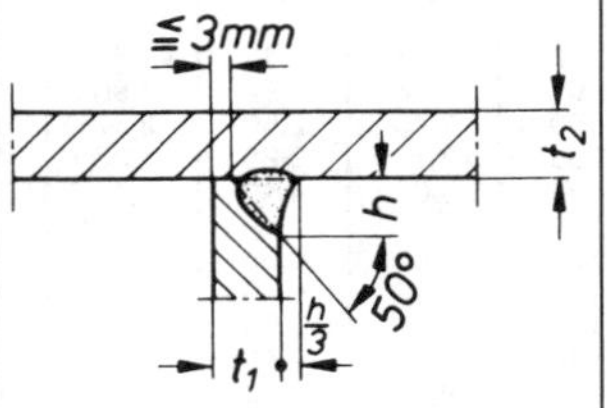	$t_1 \geq 10$ mm a = t_1 Empfohlene Grenzwerte für a siehe Abschnitt 7.3.1.1. (dieser Norm)
12	Doppelkehlnaht versenkt	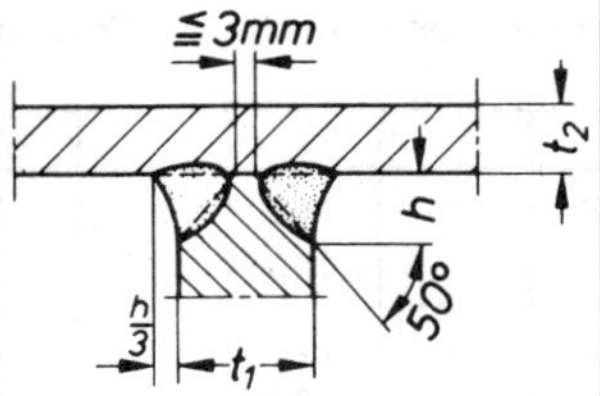	$t_1 \geq 20$ mm $\Sigma a = t_1$ Empfohlene Grenzwerte für a siehe Abschnitt 7.3.1.1. (dieser Norm)
13 / 14	Dreiblechnaht	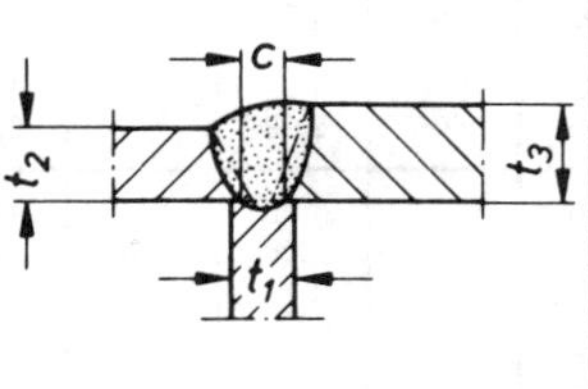	Kraftübertragung von t_1 nach t_2 u. t_3: a = c; t_2 nach t_3: a = t_2 für $t_2 < t_3$

Durch- oder gegengeschweißte Nähte Zeile 1 bis 4 Stegnähte: Zeile 5 und 6 Kehlnähte: Zeile 7 bis 12

Ausführung sämtlicher Nähte nach DIN 18 800 Teil 7 Ausgabe Mai 1983, Abschnitt 3.4.3

Auszug aus DASt-Richtlinie 011: Zulässige **Spannungen** in N/mm² für **Bauteile**

Spannungsart		St E 460 H	St E 460 HZ	St E 690 H	St E 690 HZ
Druck und Biegedruck	für Stabilitätsnachweise nach DIN 4114[1])	275	310		
	für Allgemeinen Spannungsnachweis	310	350	410	460
Zug und Biegezug, Vergleichsspannung[2])		310	350		
Schub		180	200	240	270

[1]) Einschließlich der Fälle nach DIN 4114, 7.3 und 15.3

[2]) In Stegen von Vollwandträgern, die vorwiegend durch Biegung und Querkraft beansprucht werden, darf die Vergleichsspannung um 10 % größer sein.

Knickzahlen ω für Bauteile aus St E 460 und St E 690 (aus DASt-Richtlinie 011)

	λ	0	1	2	3	4	5	6	7	8	9	
St E 460	20	1,05	1,06	1,06	1,07	1,08	1,09	1,09	1,10	1,10	1,11	weiter $\omega = 0{,}000332\ \lambda^2$
	30	1,11	1,12	1,13	1,14	1,15	1,16	1,16	1,17	1,18	1,19	
	40	1,20	1,22	1,23	1,24	1,25	1,26	1,27	1,29	1,30	1,32	
	50	1,33	1,35	1,36	1,38	1,39	1,41	1,43	1,45	1,46	1,48	
	60	1,50	1,52	1,54	1,57	1,59	1,61	1,63	1,66	1,68	1,71	
	70	1,73	1,76	1,78	1,81	1,84	1,88	1,92	1,97	2,02	2,07	
	80	2,12	2,18	2,23	2,29	2,34	2,40	2,46	2,51	2,57	2,63	
	90	2,69	2,75	2,81	2,87	2,93	3,00	3,06	3,12	3,19	3,25	
	100	3,32	3,39	3,45	3,52	3,59	3,66	3,73	3,80	3,87	3,94	
	110	4,02	4,09	4,16	4,24	4,31	4,39	4,47	4,54	4,62	4,70	
	120	4,78	4,86	4,94	5,02	5,10	5,19	5,27	5,35	5,44	5,52	
	130	5,61	5,70	5,78	5,87	5,96	6,05	6,14	6,23	6,32	6,41	
	140	6,51	6,60	6,69	6,79	6,88	6,98	7,08	7,17	7,27	7,37	
	150	7,47	7,57	7,67	7,77	7,87	7,98	8,18	8,18	8,29	8,39	
St E 690	20	1,02	1,03	1,03	1,04	1,05	1,06	1,06	1,07	1,08	1,09	weiter $\omega = 0{,}000495\ \lambda^2$
	30	1,10	1,11	1,12	1,14	1,15	1,16	1,17	1,19	1,20	1,22	
	40	1,23	1,25	1,26	1,28	1,30	1,32	1,34	1,36	1,38	1,41	
	50	1,43	1,46	1,48	1,51	1,53	1,56	1,58	1,62	1,66	1,72	
	60	1,78	1,84	1,90	1,96	2,03	2,09	2,16	2,22	2,29	2,36	
	70	2,43	2,50	2,57	2,64	2,71	2,78	2,86	2,93	3,01	3,09	
	80	3,17	3,25	3,33	3,41	3,49	3,58	3,66	3,75	3,83	3,92	
	90	4,01	4,10	4,19	4,29	4,37	4,47	4,56	4,66	4,75	4,85	
	100	4,95	5,05	5,15	5,25	5,35	5,46	5,56	5,67	5,77	5,88	
	110	5,99	6,10	6,21	6,32	6,43	6,55	6,66	6,78	6,89	7,01	
	120	7,13	7,25	7,37	7,49	7,61	7,73	7,86	7,98	8,11	8,24	
	130	8,37	8,50	8,63	8,76	8,89	9,02	9,16	9,29	9,43	9,56	
	140	9,70	9,84	9,98	10,12	10,26	10,41	10,55	10,70	10,84	10,99	
	150	11,14	11,29	11,44	11,59	11,74	11,90	12,05	12,20	12,36	12,51	

Knickzahlen ω für einteilige Druckstäbe aus Rundrohren bzw. Hohlprofilen mit Rechteckquerschnitt

(aus Ergänzung zu DIN 4114)

	λ	0	1	2	3	4	5	6	7	8	9	λ
Tafel 1 a für St 33 und St 37	20	1,00	1,00	1,00	1,00	1,01	1,01	1,01	1,02	1,02	1,02	20
	30	1,03	1,03	1,04	1,04	1,04	1,05	1,05	1,05	1,06	1,06	30
	40	1,07	1,07	1,08	1,08	1,09	1,09	1,10	1,10	1,11	1,11	40
	50	1,12	1,13	1,13	1,14	1,15	1,15	1,16	1,17	1,17	1,18	50
	60	1,19	1,20	1,20	1,21	1,22	1,23	1,24	1,25	1,26	1,27	60
	70	1,28	1,29	1,30	1,31	1,32	1,33	1,34	1,35	1,36	1,37	70
	80	1,39	1,40	1,41	1,42	1,44	1,46	1,47	1,48	1,50	1,51	80
	90	1,53	1,54	1,56	1,58	1,59	1,61	1,63	1,64	1,66	1,68	90
	100	1,70	1,73	1,76	1,79	1,83	1,87	1,90	1,94	1,97	2,01	100
	110	2,05	2,08	2,12	2,16	2,20	2,23	weiter wie in DIN 41114 Tafel 1				
Tafel 2 a für St 52	20	1,02	1,02	1,02	1,03	1,03	1,03	1,04	1,04	1,05	1,05	20
	30	1,05	1,06	1,06	1,07	1,07	1,08	1,08	1,09	1,10	1,10	30
	40	1,11	1,11	1,12	1,13	1,13	1,14	1,15	1,16	1,16	1,17	40
	50	1,18	1,19	1,20	1,21	1,22	1,23	1,24	1,25	1,26	1,27	50
	60	1,28	1,30	1,31	1,32	1,33	1,35	1,36	1,38	1,39	1,41	60
	70	1,42	1,44	1,46	1,47	1,49	1,51	1,53	1,55	1,57	1,59	70
	80	1,62	1,66	1,71	1,75	1,79	1,83	1,88	1,92	1,97	2,01	80
	90	2,05	weiter wie in DIN 4115 Tafel 2									